数控加工培训及考证——多轴加工模块

主　编　许琪东　冯安平
副主编　黄　健　郑锦标

重庆大学出版社

内容提要

本书从实用的角度,通过选取来自工厂实际加工的零件作为案例,结合实际生产中的工艺要求,详细介绍了多轴加工工艺的制订、UG NX 11.0 CAM 多轴编程、VERICUT 8.0 虚拟仿真加工等。读者参考书中案例所给的工艺路线和方法,就能够加工出案例中的工件;对于暂时没有加工设备的读者而言,也可以根据书中介绍的 VERICUT 软件进行仿真加工,或者是学习和了解多轴加工的基本理念。

本书是 UG NX CAM 高阶辅导教材,适合希望深入学习 UG NX CAM 多轴技术的读者,不仅可以作为职业院校数控多轴加工的实用教材,而且可以作为在岗技术人员的参考用书。

图书在版编目(CIP)数据

数控加工培训及考证. 多轴加工模块／许琪东,冯
安平主编. -- 重庆:重庆大学出版社,2021.2
高职高专机械系列教材
ISBN 978-7-5689-1829-9

Ⅰ. ①数… Ⅱ. ①许… ②冯… Ⅲ. ①数控机床—加
工—高等职业教育—教材 Ⅳ. ①TG659

中国版本图书馆 CIP 数据核字(2019)第 224789 号

数控加工培训及考证——多轴加工模块
主 编 许琪东 冯安平
副主编 黄 健 郑锦标
策划编辑:周 立

责任编辑:周 立 曾 艳 版式设计:周 立
责任校对:张红梅 责任印制:张 策

*

重庆大学出版社出版发行
出版人:饶帮华
社址:重庆市沙坪坝区大学城西路 21 号
邮编:401331
电话:(023)88617190 88617185(中小学)
传真:(023)88617186 88617166
网址:http://www.cqup.com.cn
邮箱:fxk@ cqup.com.cn(营销中心)
全国新华书店经销
重庆俊蒲印务有限公司印刷

*

开本:787mm×1092mm 1/16 印张:24.25 字数:608 千
2021 年 2 月第 1 版 2021 年 2 月第 1 次印刷
印数:1—2 000
ISBN 978-7-5689-1829-9 定价:59.50 元

前　言

随着智能制造技术的进一步推广,多轴数控加工技术正得到越来越广泛的应用。多轴数控加工技术正朝着高速、高精、复合、柔性、多功能等方向发展,努力达到高质量、高效率的目标。它的最大优点就是使原本复杂零件的加工变得容易了许多,并且缩短了加工周期,提高了表面的加工质量。

本书主要以实际零件加工的具体流程为主线,从多轴加工工艺的制订、应用 UG NX 11.0进行数控编程、后处理、VERICUT 8.0 虚拟仿真等方面进行讲解。希望能带领读者领略多轴加工的全过程。本书共分为四部分:第一部分,VERICUT 仿真机床构建;第二部分,三轴铣削加工;第三部分,四轴铣削加工;第四部分,五轴铣削加工,共九个项目。大部分案例来自生产一线,为工厂中的实际典型零件,通过简化、优化的方式得到案例素材。书中内容清晰明了、图文并茂、简单易懂,适合所有从事数控编程与操作的技术人员。

参加本次编写工作的有许琪东(项目三、项目五、项目七、项目八)、冯安平(项目一、项目二、项目九)、黄健(项目六)、郑锦标(项目四),并由许琪东统稿。特别感谢王晖、李华雄、黄汉权、区杰明、李锦浩、黄俊显、黄专对本书编写提供的帮助。在编写过程中,还参考了相关教材、网络资料,在此对文献作者表示衷心的感谢。

由于编者水平有限,书中肯定存在错误或者不当之处,恳请读者批评指正并提出宝贵建议。

本书属于广东省佛山职业技术学院机械设计与制造专业教学资源库专业课程域子库配套教材。

编　者

2020 年 1 月

目　录

第一部分
VERICUT 仿真机床构建

　　本书第一部分主要介绍 VERICUT 8.0 构建机床的方法,通过使用 UG NX 11.0 绘制好机床模型,再把机床模型导出为.STL 格式文件,再导入 VERICUT 8.0 用以构建机床。通过项目一:VERICUT 三轴机床的构建、项目二:VERICUT 三轴机床升级为四轴机床、项目三:VERICUT 8.0 双摆台五轴机床的构建等项目,介绍 VERICUT 8.0 仿真机床的构建。通过第一部分的学习,学生能完成类似结构的仿真机床构建。

项目一

VERICUT 三轴机床的构建

【学习目标】

技能目标:能运用 UG NX 11.0 软件完成三轴机床模型的绘制。

能运用 VERICUT 8.0 软件构建三轴仿真机床。

知识目标:掌握 UG NX 11.0 软件 STL 文件格式的导出法。

掌握三轴机床的运动结构。

掌握 VERICUT 8.0 软件机床结构构建。

掌握 VERICUT 8.0 三轴机床的构建。

素质目标:激发学生自主学习兴趣,培养学生团队合作和创新精神。

【项目导读】

三轴的立式数控铣床通常就是 X、Y、Z 三轴,根据机床的运动结构和原理,在虚拟仿真软件中构建三轴机床。

【任务描述】

学生以 VERICUT 8.0 软件工程师的身份进入实训车间,根据车间三轴数控机床的结构,应用 UG NX 11.0 软件绘制三轴机床模型,通过三轴机床模型导出 VERICUT 8.0 可以接受的文件格式(如 STL),并导入 VERICUT 8.0 用以构建三轴机床。整个过程通过小组团队合作的形式完成,对机床结构的主要部件进行测量,完成 VERICUT 8.0 三轴仿真机床的构建。

【工作任务】

根据学校三轴机床的结构,学生应用前导课程所学的 UG NX 11.0 模块的知识,以小组团队合作的形式完成三轴机床构建。

任务 1.1 三轴机床主要部件逻辑关系

根据三轴机床的结构原理,理解机床各部件的逻辑关系,如图 1-1 所示。

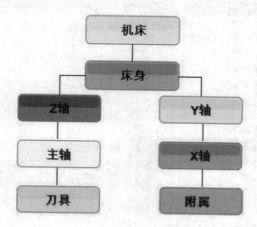

图 1-1 机床主要部件逻辑关系

任务 1.2 从 NX 输出机床模型

(1)打开机床模型。打开 UG NX 11.0 软件,打开【素材】-【原始图档】-【3axis.prt】完成机床模型导入,结果如图 1-2 所示。

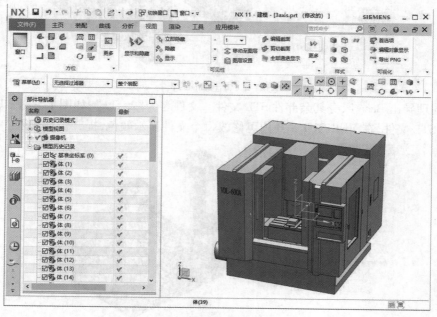

图 1-2 模型导入

3

（2）导出 Base 床身部件 STL 文件。单击主菜单【文件】-【导出】-【STL】，如图 1-3 所示，弹出【STL 导出】对话框，选择对象为床身部件，导出至自定义文件夹，输出文件名为"1"，如图 1-4 所示，单击【确定】，完成床身其中一部件以 STL 文件导出。

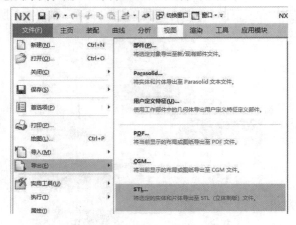

图 1-3　导出 STL 文件

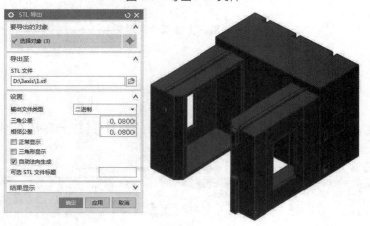

图 1-4　导出 Base 部件

（3）同理导出 Base 床身其余部件 STL 文件。文件名为"2…11"，如图 1-5—图 1-14 所示。单个导出 STL 文件，在 VERICUT 8.0 内可修改每个文件显示颜色，提升仿真效果。

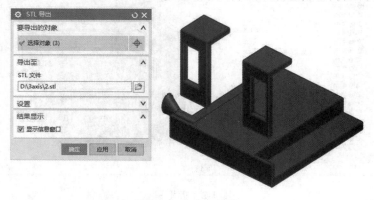

图 1-5　导出 2 部件

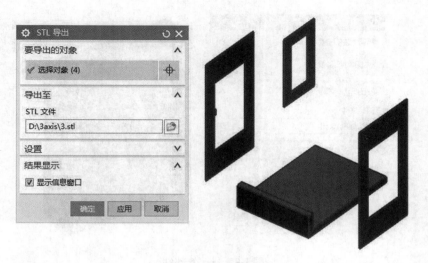

图 1-6　导出 3 部件

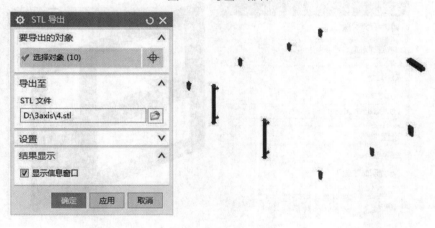

图 1-7　导出 4 部件

图 1-8　导出 5 部件

图 1-9 导出 6 部件

图 1-10 导出 7 部件

图 1-11 导出 8 部件

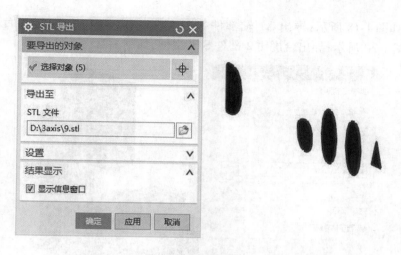

图 1-12　导出 9 部件

图 1-13　导出 10 部件

图 1-14　导出 11 部件

（4）导出各运动轴 STL 模型文件。同理导出 Z 轴部件 STL 文件，如图 1-15 所示；导出 Spindle 主轴 STL 文件，如图 1-16 所示；导出 Y 轴部件 STL 文件，如图 1-17 所示；导出 X 轴部件 STL 文件,如图 1-18 所示;导出 X1 轴部件 STL 文件,如图 1-19 所示;导出台虎钳 1 部件 STL 文件,如图 1-20 所示;导出台虎钳 2 部件 STL 文件,如图 1-21 所示。

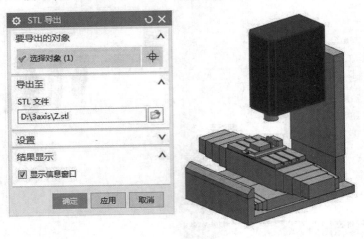

图 1-15　导出 Z 轴部件

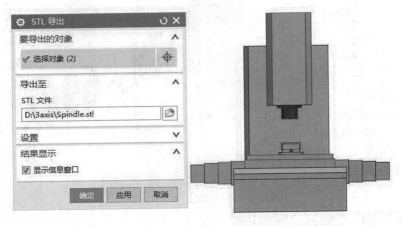

图 1-16　导出 Spindle 主轴部件

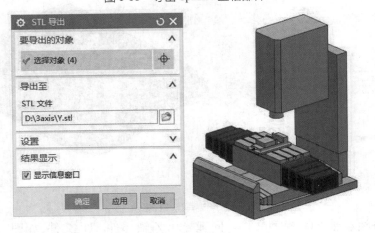

图 1-17　导出 Y 轴部件

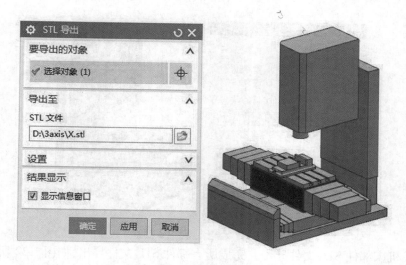

图 1-18　导出 X 轴部件

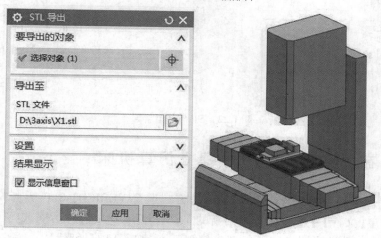

图 1-19　导出 X1 轴部件

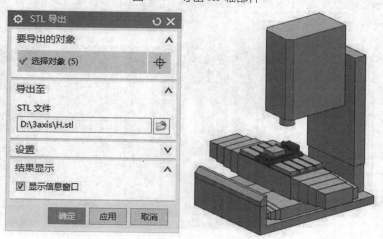

图 1-20　导出台虎钳 1 部件

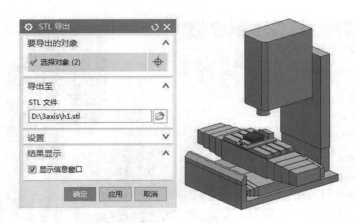

图 1-21　导出台虎钳 2 部件

（5）完成机床部件 STL 文件导出。完成所有部件 STL 文件导出，如图 1-22 所示。

图 1-22　STL 导出结果

任务 1.3　在 VERICUT 8.0 中建立仿真机床

（1）新建一个公制项目文件"3axis. vcproject"。运行 VERICUT 8.0 仿真软件，如图 1-23 所示，单击主菜单【文件】-【新项目】，弹出新的 VERICUT 8.0 项目对话框，定义新的项目文件名为"3axis. vcproject"，如图 1-24 所示，单击【确定】。完成新项目创建。

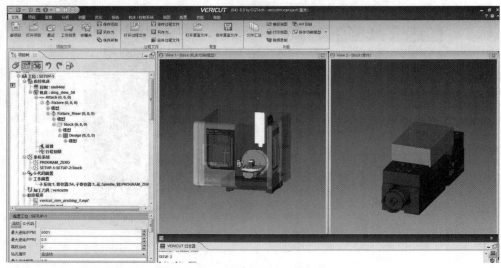

图 1-23　VERICUT 8.0 仿真软件界面

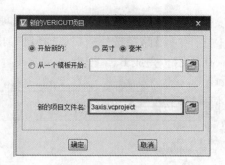

图 1-24　新项目创建

（2）显示机床组件设定。单击【显示机床组件】按钮，调出 Base 床身结构，如图 1-25 所示。完成显示机床组件设定。

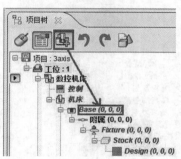

图 1-25　显示机床组件

（3）创建仿真机床运动结构。根据三轴机床主要部件逻辑关系，添加各运动轴机床结构属性。右键单击【Base】，选择【添加】-【Z 线性】，如图 1-26 所示，完成 Z 轴机床结构属性创建。同理，添加各机床结构属性至 Base 下，结果如图 1-27 所示，完成仿真机床结构构建。

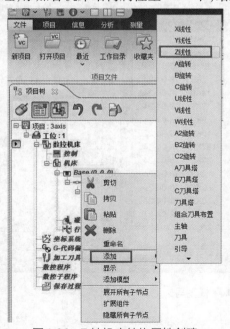

图 1-26　Z 轴机床结构属性创建

图 1-27　仿真机床结构构建结果

11

（4）导入机床部件模型文件。右键单击项目树中【Base】选项，选择【添加模型】→【模型文件】，如图1-28所示，弹出【打开...】路径选择窗口，选择已导出的1.stl文件，如图1-29所示，单击【打开】，结果如图1-30所示。完成Base模型之一导入。

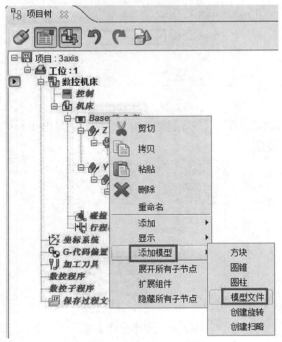

图1-28　添加模型文件

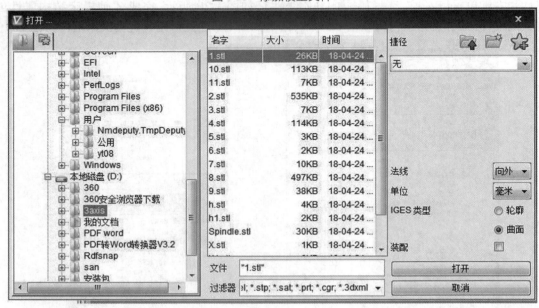

图1-29　选择Base模型导入

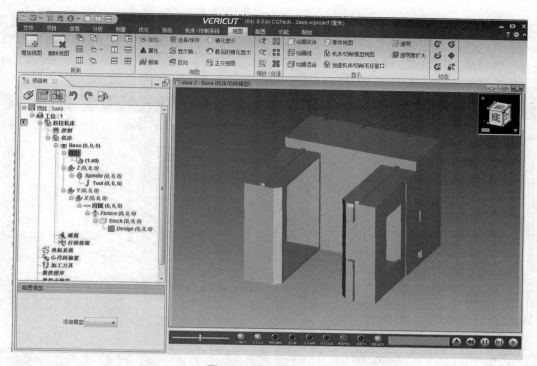

图 1-30　模型导入结果

（5）修改导入模型颜色。单击导入的 1. stl 文件，进入配置模型菜单，单击【模型】选项卡，可在下方模型颜色中改变模型颜色（根据实际机床颜色指定各部件颜色，提高仿真机床真实感），如图 1-31 所示。

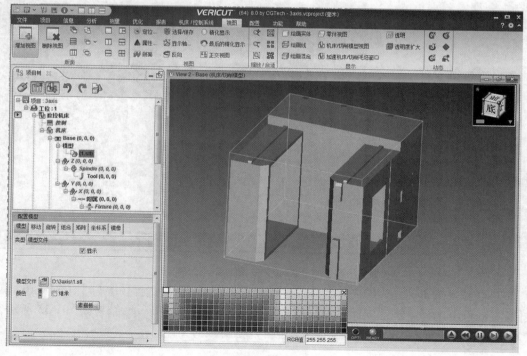

图 1-31　修改部件颜色

（6）导入 Base 床身其余模型，并修改颜色。同理导入 Base 床身其余 STL 模型文件，右键单击项目树中【Base】选项，选择【添加模型】→【模型文件】，弹出【打开...】路径选择窗口，选择已导出的 2...11. stl 文件，如图 1-32 所示，单击【打开】，结果如图 1-33 所示。完成 Base 床身模型导入，根据机床实际颜色修改各部件颜色。

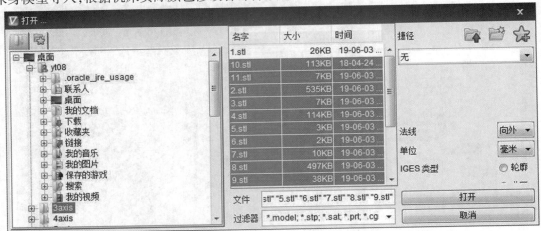

图 1-32　导入 Base 床身其余模型

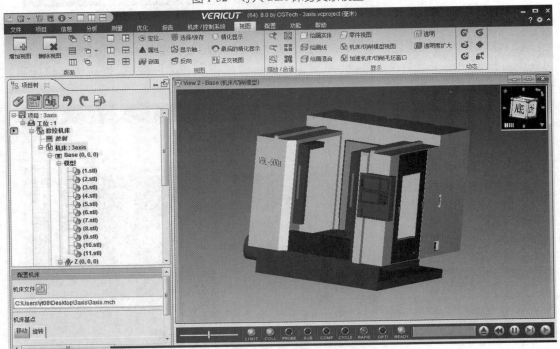

图 1-33　Base 床身模型导入结果

（7）隐藏部分 Base 床身模型文件。长按键盘【Ctrl】键，依次选择【1】-【4】、【6】-【10】模型文件，右键弹出选择菜单，单击【显示】，隐藏相应模型，如图 1-34 所示；结果如图 1-35 所示，完成 Base 床身部分模型文件的隐藏。同理，也可以把隐藏的文件显示。

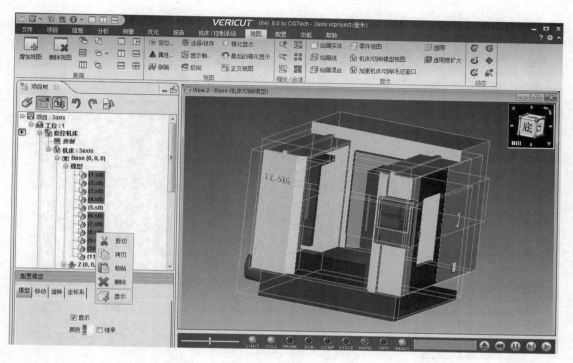

图 1-34　隐藏部分部件

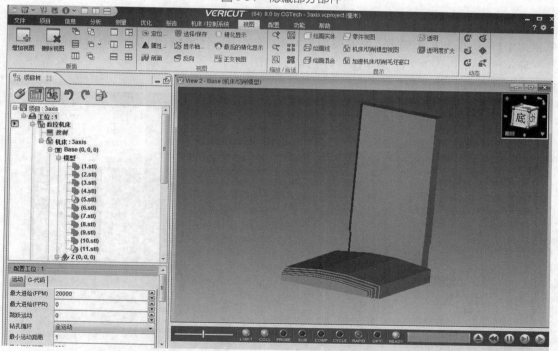

图 1-35　隐藏结果

（8）导入 Z 线性轴模型，并修改颜色。同理导入 Z 线性轴 STL 模型文件，右键单击项目树中【Z】选项，选择【添加模型】→【模型文件】，弹出【打开…】路径选择窗口，选择已导出的 Z. stl 文件，单击【打开】，结果如图 1-36 所示。完成 Z 线性轴模型导入，根据实际颜色修改部件颜色。

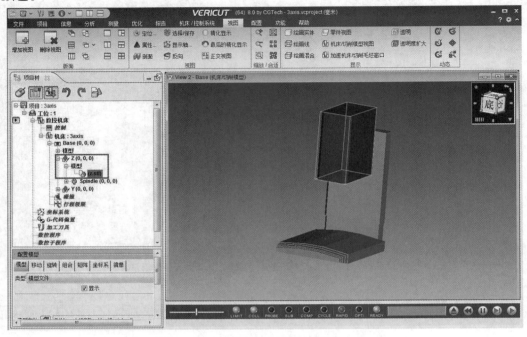

图 1-36　导入 Z 线性轴模型

（9）导入 Spindle 主轴模型,并修改颜色。同理导入 Spindle 主轴 STL 模型文件,右键单击项目树中【Spindle】选项,选择【添加模型】→【模型文件】,弹出【打开...】路径选择窗口,选择已导出的 Spindle.stl 文件,单击【打开】,结果如图 1-37 所示。完成 Spindle 主轴模型导入,根据实际颜色修改部件颜色。

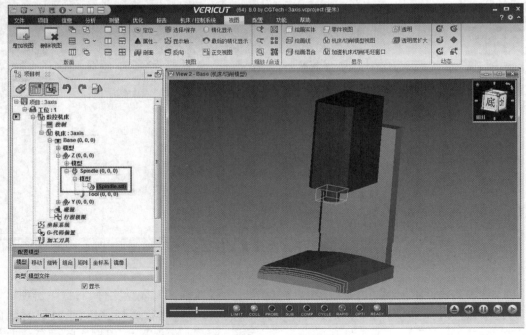

图 1-37　导入 Spindle 主轴模型

（10）导入 Y 线性轴模型,并修改颜色。同理导入 Y 线性轴 STL 模型文件,右键单击项目树中【Y】选项,选择【添加模型】→【模型文件】,弹出【打开...】路径选择窗口,选择已导出的 Y. stl 文件,单击【打开】,结果如图 1-38 所示。完成 Y 线性轴模型导入,根据实际颜色修改部件颜色。

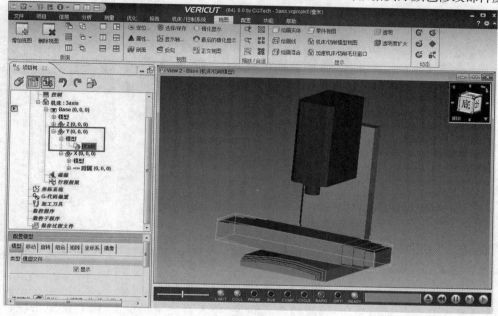

图 1-38　导入 Y 线性轴模型

（11）导入 X 线性轴模型,并修改颜色。同理导入 X 线性轴 STL 模型文件,右键单击项目树中【X】选项,选择【添加模型】→【模型文件】,弹出【打开...】路径选择窗口,选择已导出的 X. stl 文件,单击【打开】,结果如图 1-39 所示。同理导入 X1 线性轴 STL 模型文件,结果如图 1-40 所示。完成 X 线性轴模型导入,根据实际颜色修改部件颜色。

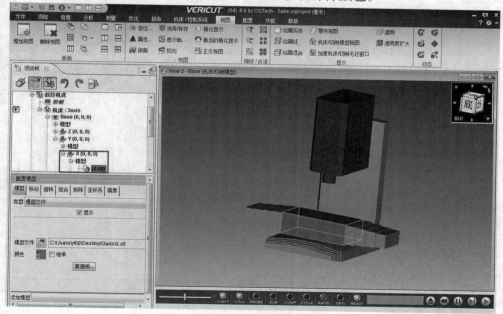

图 1-39　导入 X 线性轴模型

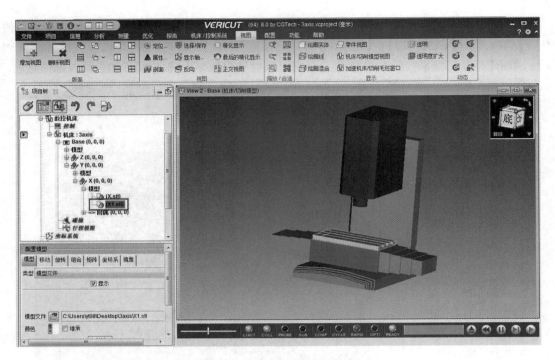

图 1-40 导入 X1 线性轴模型

（12）导入 H 线性轴模型，并修改颜色。同理，导入台虎钳模型文件，右键单击项目树中【Fixture】选项，选择【添加模型】→【模型文件】，弹出【打开…】路径选择窗口，选择已导出的 STL 格式的 H. stl 文件，单击【打开】，结果如图 1-41 所示。导入 H1 夹具 STL 模型文件，结果如图 1-42 所示。完成 Fixture 夹具模型导入，根据实际颜色修改部件颜色。

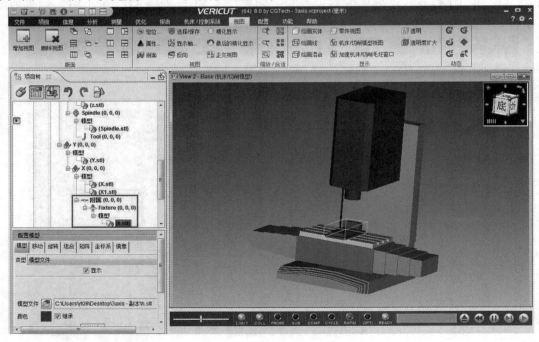

图 1-41 导入 H 线性轴模型

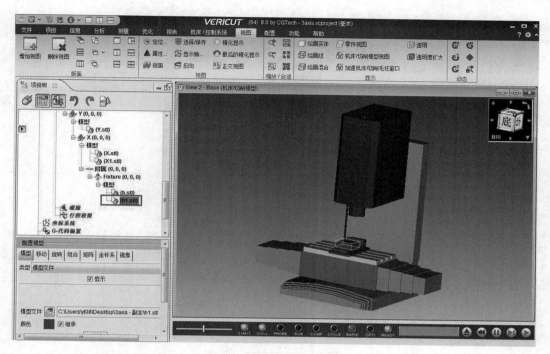

图 1-42　导入 H1 线性轴模型

（13）定义仿真机床刀具装夹点。通过 UG NX 11.0 软件打开机床模型，测量可知，主轴端面到基准坐标 XY 平面的距离为 225 mm，如图 1-43 所示。在 VERICUT 8.0 软件项目树中，左键单击【tool】刀具选项，显示配置组件：Tool，左键单击【移动】选项卡，选择【相对于坐标系统位置 机床基点】，在【位置】文本框中输入"0 0 225"，如图 1-44 所示，完成仿真机床刀具装夹点设定。

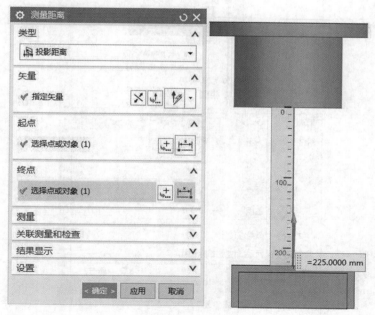

图 1-43　主轴端面与基准坐标 XY 距离

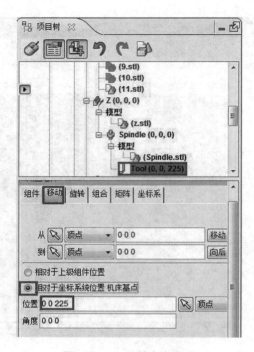

图 1-44　刀具装夹点设置

（14）定义主轴旋转中心。同理，通过 UG NX 11.0 软件打开机床模型，测量可知，主轴 XY 平面旋转中心坐标为（0，65）。在 VERICUT 8.0 软件项目树中，单击【Spindle】主轴选项，显示配置组件：Spindle，左键单击【移动】选项卡，选择【相对于坐标系统位置 机床基点】，在【位置】文本框中输入"0 65 0"，如图 1-45 所示，完成仿真机床主轴旋转中心设置。

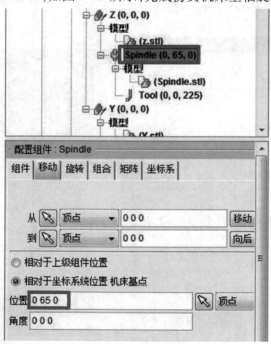

图 1-45　主轴旋转中心设置

（15）定位主轴模型。在 VERICUT 软件项目树中，单击【Spindle】主轴-【附属】，显示配置组件，单击【移动】选项卡，单击选择【相对于坐标系统位置 机床基点】，在【位置】文本框中输入"000"，如图 1-46 所示。完成主轴模型设置。

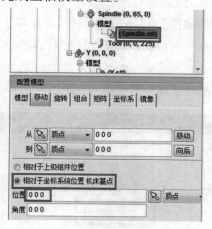

图 1-46　定位主轴模型

任务 1.4　机床设置

机床运动结构定义完成后，需要对机床进行初始化设置，如机床干涉检查、机床行程等。这些参数一般可以从机床厂家得到，如果没有这些参数可以自己实际操作，测量出这些数据。

（1）单击主菜单【机床/控制系统】-【机床设定】，如图 1-47 所示，弹出机床设定对话框，如图 1-48 所示。

图 1-47　机床/控制系统

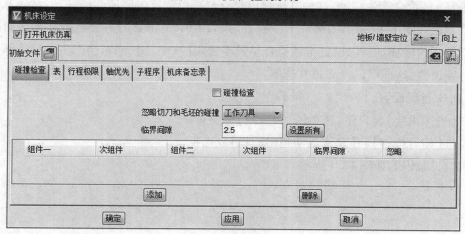

图 1-48　机床设定

（2）机床干涉检查设置

❖ 确定已勾选【打开机床仿真】复选框。

❖ 在【碰撞检测】标签页，勾选【碰撞检测】复选框。

❖ 在【忽略刀具和毛料间的碰撞】下拉列表框选择【不忽略】。

❖ 在【临界间隙】输入 1，单击右侧【设置所有】按钮，这个参数用于设置两部件碰撞检查的最小距离。

❖ 添加如图 1-49 所示的部件干涉设置。

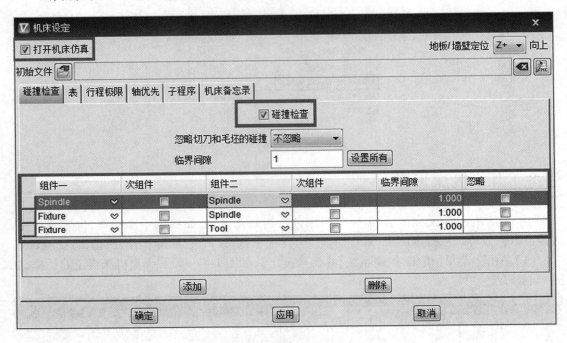

图 1-49　机床设定干涉检查设置

仿真时，VERICUT 将检查 Z 轴组件以及关联部件（主轴、刀具）和 X 线性轴以及关联部件（夹具、毛坯）是否会产生碰撞，这种方法可以检查全部可能发生碰撞的部件，但会降低仿真速度。而设置成如图 1-49 所示的部件干涉检查时，VERICUT 仿真时只会检查在列表当中存在的两个部件间的碰撞。所以设置干涉检查尽量不选用【次组件】，而对会产生干涉的部件和其子部件分别设置，这样可以提高仿真速度。

（3）机床行程设置

❖ 在【机床设定】窗口里，选择【行程极限】标签页。

❖ 勾选【超行检查】和【允许运动超出行程】复选框。

❖ 表框设置内容如图 1-50 所示。

图 1-50　机床行程设置

任务 1.5　保存仿真机床

（1）工作目录设定。单击主菜单【文件】-【工作目录】弹出【工作目录】对话框，设置文件工作目录保存路径，例如 D：\3axis，如图 1-51 所示。

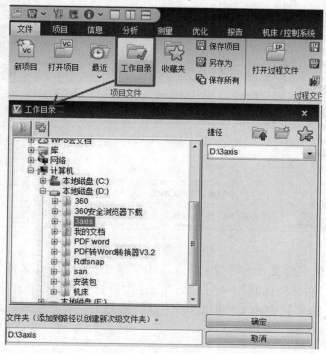

图 1-51　工作目录设定

（2）保存三轴仿真机床3axis. mch文件。在VERICUT 8.0软件项目树中,右键单击【机床】-【保存】,如图1-52所示,弹出【保存机床文件】对话框,在文件文本框中输入"3axis",左键单击【保存】,结果如图1-53所示,完成仿真机床的保存,保存路径为设定的工作目录。

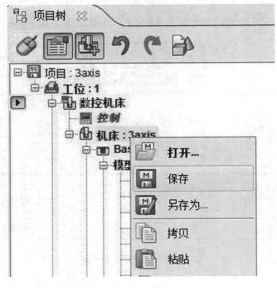

图1-52　右键单击保存

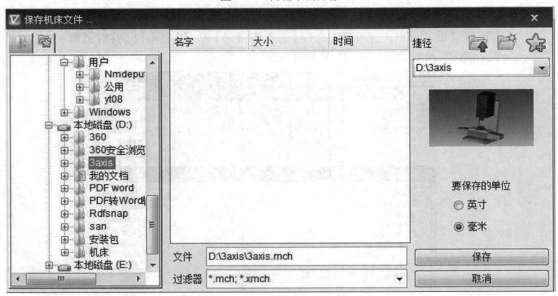

图1-53　保存机床文件

（3）文件汇总,保存所有导入模型文件。单击主菜单【文件】→【文件汇总】,如图1-54所示,弹出【文件汇总】对话框,如图1-55所示,单击【拷贝】,弹出【复制文件到...】对话框,如图1-56所示,单击【确定】,完成文件汇总操作,保存路径为设定的工作目录,保存结果如图1-57所示。

图 1-54 文件汇总

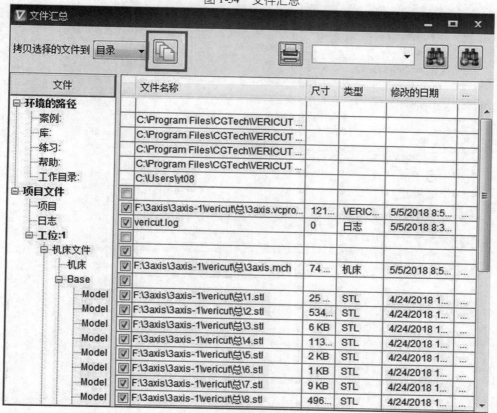

图 1-55 拷贝文件

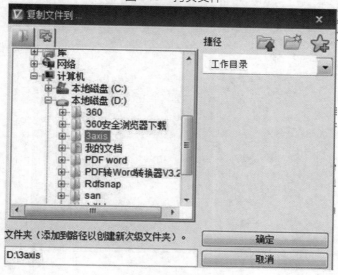

图 1-56 保存文件

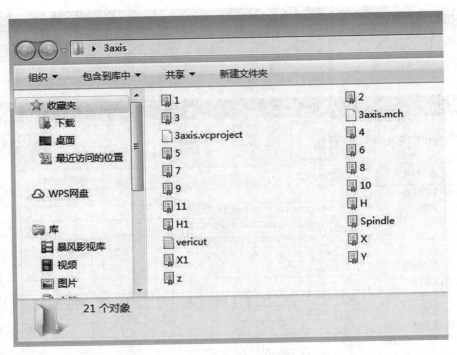

图1-57　保存结果文件

项目二

VERICUT 三轴机床升级为四轴机床

【学习目标】

技能目标:能运用 VERICUT 8.0 软件把三轴仿真机床增加 A 轴升级为四轴机床。

知识目标:掌握四轴机床(带 A 轴)的运动结构。

掌握 VERICUT 8.0 四轴机床的构建。

素质目标:激发学生自主学习兴趣,培养学生团队合作交流的意识和能力。

【项目导读】

在生产实践中,2 轴、2.5 轴、3 轴数控机床的编程已经很容易实现,国内的各种仿真软件能够很好地实现仿真任务和较好的加工效果,但对多轴的机床仿真却无能为力,多轴机床的造价较高,对编程的可靠性和准确性要求高。四轴立式加工中心通常在三轴机床(X、Y、Z)的基础上增加数控回转台(A 轴)来实现四轴的联动加工,根据四轴机床的运动原理和结构,在虚拟仿真软件中升级三轴机床为四轴机床。

【任务描述】

学生以 VERICUT 8.0 软件工程师的身份进入实训车间,根据车间四轴数控机床的结构,简单测量出数控回转台的尺寸,通过 UG NX 11.0 建模,在 VERICUT 8.0 三轴仿真机床的基础上增加数控回转台("A"旋转轴),实现四轴联动的加工中心四轴设备的仿真机床构建。整个过程通过小组团队合作的形式完成 VERICUT 8.0 四轴仿真机床的构建。

【工作任务】

根据学校四轴机床的结构,学生通过简单测量,得出数控回转台的基本形状尺寸,通过 UG NX 11.0 建模,增加数控回转台。

任务 2.1　四轴机床主要部件逻辑关系

根据四轴机床的结构原理,理解机床各部件的逻辑关系,如图 2-1 所示。

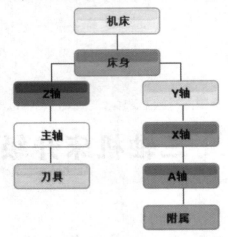

图 2-1　四轴机床主要部件逻辑关系

任务 2.2　从 NX 输出机床模型

(1)打开机床模型。打开 UG NX 11.0 软件,打开【素材】-【原始图档】-【4axis. prt】完成机床模型导入,结果如图 2-2 所示。

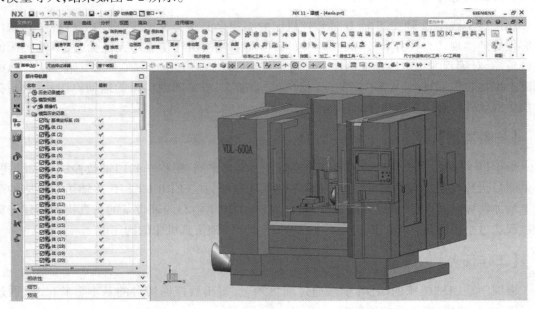

图 2-2　四轴机床模型

(2)导出 A 旋转轴 STL 文件。在 UG NX 11.0 中单击主菜单【文件】-【导出】-【STL】,如图 2-3 所示,弹出【STL 导出】对话框,选择对象为 A 轴底座部件,导出至自定义文件夹,输出文件名为"A 轴底座",如图 2-4 所示,单击【确定】,完成 A 轴其中之一部件以 STL 文件导出。

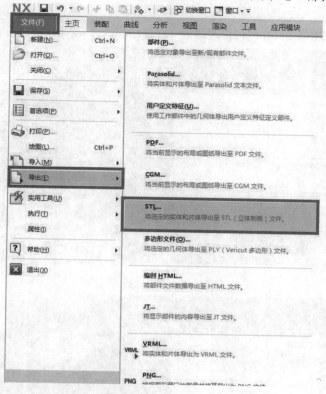

图 2-3　导出 STL 文件

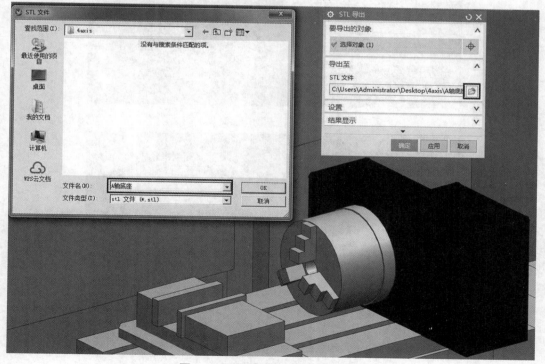

图 2-4　导出"A"旋转轴底座模型

（3）同理导出 A 轴其余部件 STL 文件。文件分别命名为"三爪卡盘 1. stl""三爪卡盘 2. stl""三爪卡盘 3. stl""三爪卡盘 4. stl"，如图 2-5—图 2-8 所示。完成 A 轴 STL 模型文件导出。单个导出 STL 文件，在 VERICUT 8.0 内可修改每个文件显示颜色，移动每个部件位置，实现装夹配合。

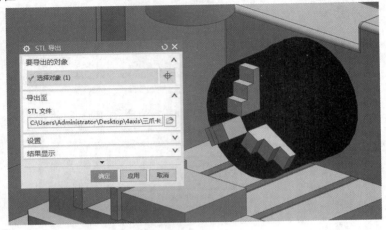

图 2-5　三爪卡盘 1

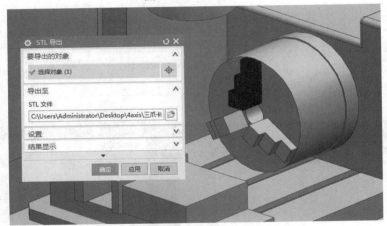

图 2-6　三爪卡盘 2

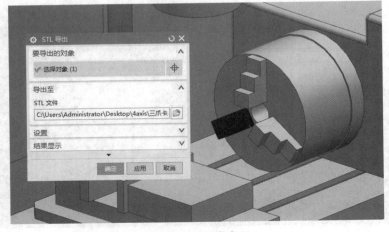

图 2-7　三爪卡盘 3

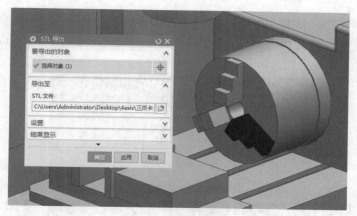

图 2-8　三爪卡盘 4

任务 2.3　在 VERICUT 8.0 中建立仿真机床

（1）新建一个公制项目文件"4axis. vcproject"。运行 VERICUT 8.0 仿真软件，如图 2-9 所示，单击主菜单【文件】-【新项目】，如图 2-10 所示，弹出【新的 VERICUT 8.0 项目】对话框，定义新的项目文件名为"4axis. vcproject"，如图 2-11 所示，单击【确定】。完成新项目创建。

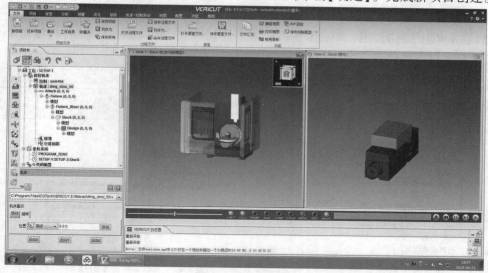

图 2-9　VERICUT 8.0

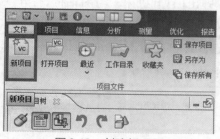

图 2-10　创建新项目

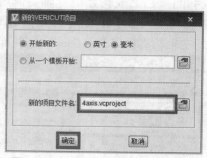

图 2-11　新的 VERICUT 项目对话框

（2）工作目录设定。单击主菜单【文件】-【工作目录】，如图 2-12 所示，弹出【工作目录】对话框，设置文件工作目录保存路径，例如 C：\Users\Administrator\Desktop\4axis，如图 2-13 所示，完成工作目录路径设置。

图 2-12　工作目录

图 2-13　位置选择

（3）显示机床组件设定。单击【显示机床组件】按钮，调出 Base 床身结构，如图 2-14 所示。完成显示机床组件设定。

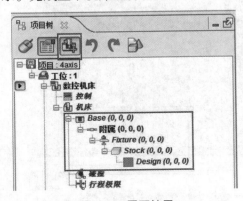

图 2-14　展开结果

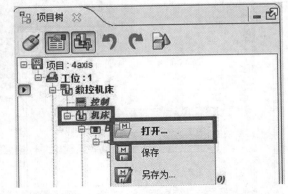

图 2-15　右键单击【机床】-【打开】

（4）打开已完成构建的三轴仿真机床。在 VERICUT 软件项目树中，单击项目树中【机床】选项，右键单击【机床】-【打开】，如图 2-15 所示。弹出【打开机床...】对话框，打开项目一构建的三轴仿真机床 3axis. mch 文件，单击【打开】，如图 2-16 所示，结果如图 2-17 所示。

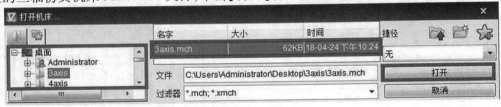

图 2-16　选择机床文件

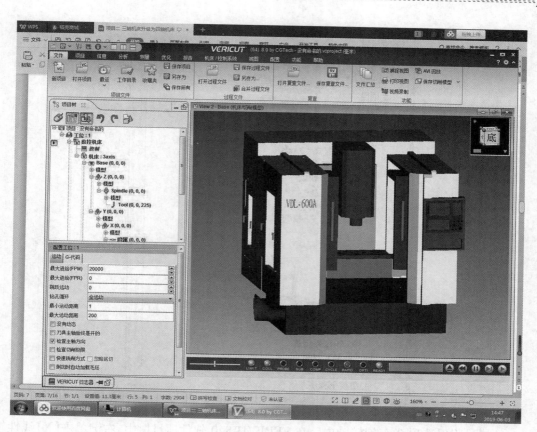

图 2-17　打开三轴仿真机床

（5）添加 A 旋转轴运动结构。右键单击【X】线性轴,选择【添加】-【A 旋转】,如图 2-18 所示,完成 A 旋转轴机床结构属性创建。结果如图 2-19 所示。

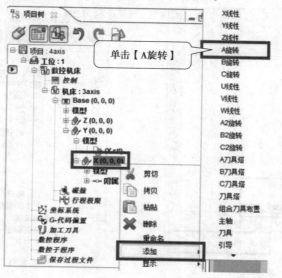

图 2-18　添加 "A" 旋转轴

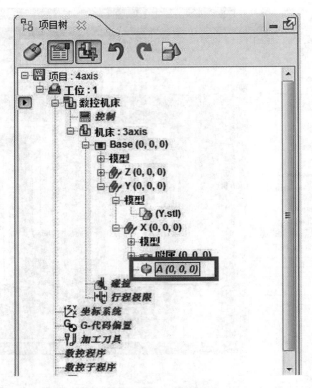

图 2-19　添加"A"旋转轴结果

（6）拷贝附属选项至 A 旋转轴内。在 VERICUT 8.0 软件项目树中,右键单击【X】线性轴-【附属】,选择【拷贝】,如图 2-20 所示,右键单击【A】旋转轴,选择【粘贴】,如图 2-21 所示,拷贝结果如图 2-22 所示,完成附属选项拷贝。

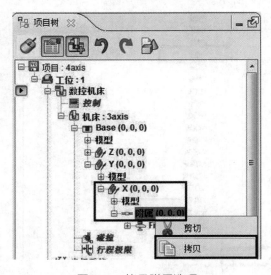

图 2-20　拷贝附属选项

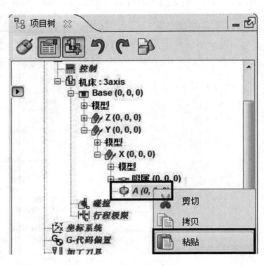

图 2-21　粘贴附属选项

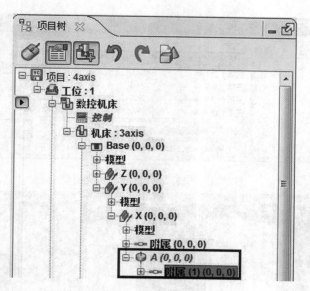

图 2-22　拷贝结果

（7）导入 A 轴 STL 模型。右键单击项目树中【X】线性轴，选择【添加模型】→【模型文件】，如图 2-23 所示，弹出【打开...】路径选择窗口，选择已导出的 STL 格式的 A 轴底座. stl 文件，如图 2-24 所示，单击【打开】，结果如图 2-25 所示。完成 A 轴 STL 模型导入。

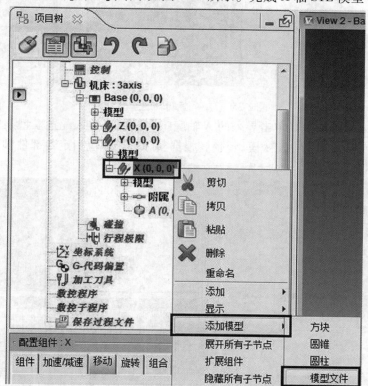

图 2-23　添加 "A" 旋转轴底座模型

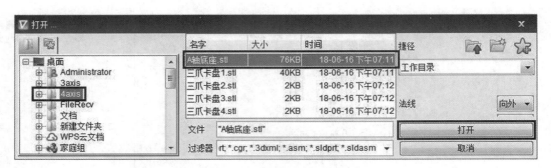

图 2-24   选择"A"旋转轴底座模型

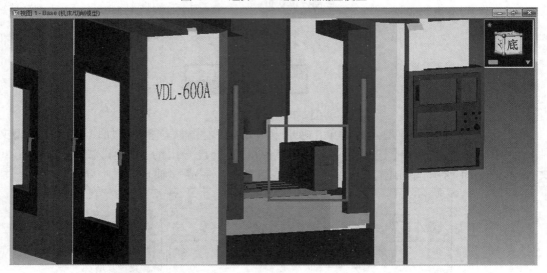

图 2-25   "A"旋转轴底座模型

（8）修改导入模型颜色。单击导入的 A 轴底座. stl 文件,进入配置模型菜单,单击【模型】选项卡,可在下方模型颜色中改变模型颜色(根据实际机床颜色指定各部件颜色,提高仿真机床真实感),如图 2-26 所示。

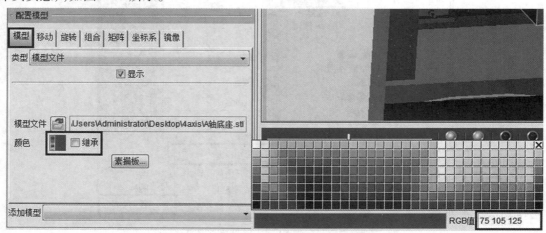

图 2-26   修改导入模型颜色

（9）导入 A 轴三爪卡盘模型，并修改颜色。同理导入 A 轴三爪卡盘 STL 模型文件，单击项目树中【A】旋转轴-【附属】-【Fixture】选项，右键单击，选择【添加模型】→【模型文件】，弹出【打开...】路径选择窗口，选择已导出的 STL 格式的三爪卡盘 1. stl、三爪卡盘 2. stl、三爪卡盘 3. stl、三爪卡盘 4. stl 文件，如图 2-27 所示，单击【打开】，结果如图 2-28 所示。完成 A 轴其余模型导入，根据实际颜色修改各部件颜色。

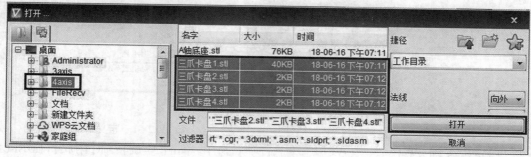

图 2-27　选择模型文件

图 2-28　添加结果

（10）定义仿真机床 A 旋转轴旋转中心。通过 UG NX 11.0 软件打开机床模型，单击【主页】-【基准平面】下拉菜单-【点】，如图 2-29 所示。测量可知 A 轴模型距离绝对工作部件坐标位置为"80、0、12.5"，如图 2-30 所示。在 VERICUT 软件项目树中，单击【A】旋转轴，显示配置组件：A，单击【移动】选项卡，单击选择【相对于坐标系位置　机床基点】，在【位置】文本框中输入"0 0 12.5"，如图 2-31 所示。

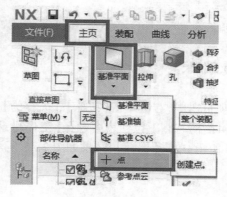

图 2-29　基准点

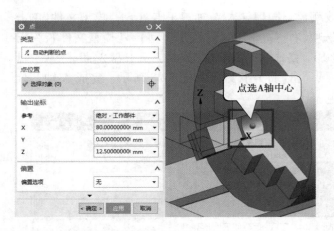

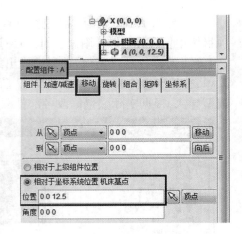

图 2-30　测量"A"旋转轴 Y、Z 坐标　　　　　　图 2-31　定义 A 轴旋转中心

（11）定位 A 轴夹具模型。在 VERICUT 软件项目树中,单击【A】旋转轴-【附属】,显示配置组件,单击【移动】选项卡,单击选择【相对于坐标系统位置 机床基点】,在【位置】文本框中输入"0 0 0",如图 2-32 所示,把 A 旋转轴模型向 Z 负方向移动 12.5 mm。完成"A"轴旋转中心设定。

（12）完成三轴升级四轴机床操作,结果如图 2-33 所示。

图 2-32　移动"A"旋转轴部件

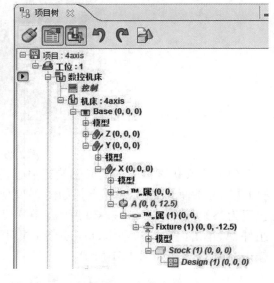

图 2-33　各节点关系

任务 2.4　保存仿真机床

（1）保存仿真机床。在项目树中,右键单击【机床】-【另存为】,如图 2-34 所示。弹出【保存机床文件…】对话框,在对话框右侧下拉列表中选择【工作目录】,在保存路径中修改文件名为"4axis.mch",如图 2-35 所示,单击【保存】,结果如图 2-36 所示,仿真机床保存完成。

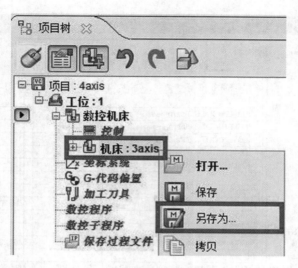

图 2-34　【机床另存为...】对话框

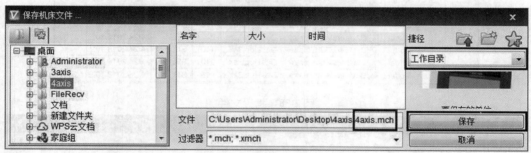

图 2-35　【保存机床文件...】对话框

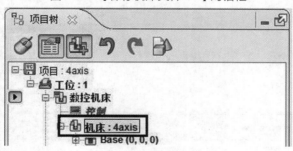

图 2-36　保存仿真机床模型

（2）文件汇总，保存所有导入模型文件。单击主菜单【文件】→【文件汇总】，如图 2-37 所示，弹出【文件汇总】对话框，如图 2-38 所示，单击【拷贝】，弹出【复制文件到...】对话框，如图 2-39 所示，单击【确定】，完成文件汇总操作，保存路径为设定的工作目录，保存结果如图 2-40 所示。

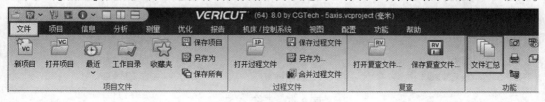

图 2-37　文件汇总

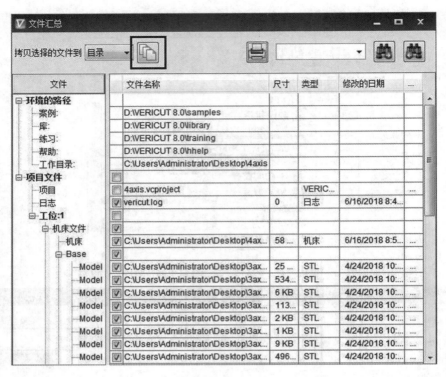

图 2-38　拷贝文件

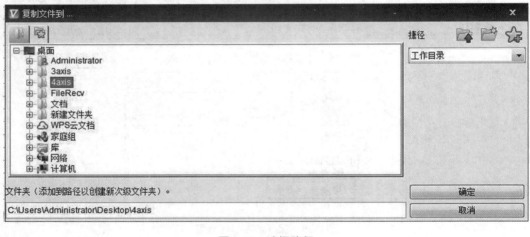

图 2-39　选择路径

📄 1	📄 2	📄 3
📄 4	📄 4axis.mch	📄 4axis.vcproject
📄 5	📄 6	📄 7
📄 8	📄 9	📄 10
📄 11	📄 A轴底座	📄 Spindle
📄 vericut	📄 X	📄 X1
📄 Y	📄 z	📄 三爪卡盘1
📄 三爪卡盘2	📄 三爪卡盘3	📄 三爪卡盘4

图 2-40　保存结果

项目三

VERICUT 8.0 双摆台五轴机床的构建

【学习目标】

技能目标:能运用 UG NX 11.0 软件完成双摆台五轴机床模型的构建。

能运用 VERICUT 8.0 软件构建五轴仿真机床。

知识目标:掌握 UG NX 11.0 软件 STL 文件格式的导出方法。

掌握五轴机床的运动结构。

掌握 VERICUT 8.0 软件机五轴机床的构建。

素质目标:激发学生自主学习兴趣,培养学生团队合作交流的意识和能力。

【项目导读】

五轴数控机床目前以其自动化程度高、柔性好、加工精度高等优点在现代制造领域,尤其是大型与异型复杂零件的高效加工中已得到了广泛应用。但是,目前五轴数控机床的使用性能和使用效率的发挥却不尽如人意,通过 VERICUT 8.0 五轴仿真,可以有效解决五轴加工中刀具干涉、碰撞检测等难题,本项目根据双摆台五轴的结构,构建五轴仿真机床。

【任务描述】

学生以 VERICUT 8.0 软件工程师的身份进入实训车间,根据车间五轴数控机床的结构,应用 UG NX 11.0 软件构建五轴机床模型,通过五轴机床模型导出 VERICUT 8.0 可以接受的文件格式(如 STL),并导入 VERICUT 8.0 用以构建五轴机床。整个过程通过小组团队合作的形式完成,对机床结构的主要部件进行测量,完成 VERICUT 8.0 五轴仿真机床的构建。

【工作任务】

根据学校五轴机床的结构,学生应用前导课程所学的 UG NX 11.0 CAD 模块的知识,以小组团队合作的形式完成五轴机床构建。

任务 3.1 五轴机床主要部件逻辑关系

根据五轴机床的结构原理,理解机床各部件的逻辑关系,如图 3-1 所示。

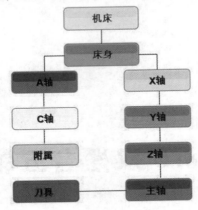

图 3-1 机床主要部件逻辑关系

任务 3.2 从 NX 输出机床模型

(1)打开机床模型。打开 UG NX 11.0 软件,打开【素材】-【原始图档】-【5axis. prt】完成机床模型导入,结果如图 3-2 所示。

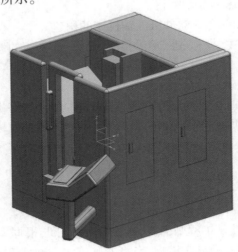

图 3-2 模型导入

(2)导出 Base 床身部件 STL 文件。单击主菜单【文件】-【导出】-【STL】,如图 3-3 所示,弹出【STL 导出】对话框,选择对象为床身部件,导出至自定义文件夹,输出文件名为"Base",如图 3-4 所示,单击【确定】,完成床身其中一部件以 STL 文件导出。

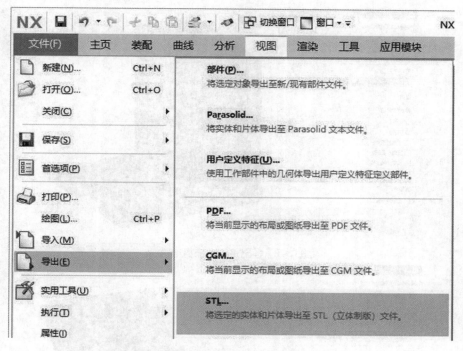

图 3-3　导出 STL 文件

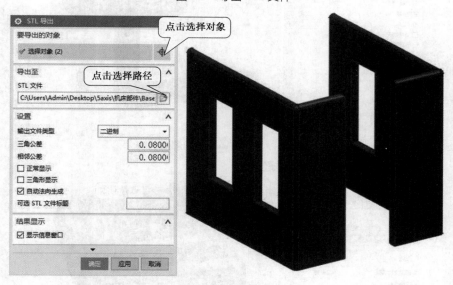

图 3-4　导出 Base 床身部件

（3）同理导出 Base 床身其余部件 STL 文件。文件名为"Base1-Base8"，如图 3-5—图 3-12 所示。单个导出 STL 文件，在 VERICUT 8.0 内可修改每个文件显示颜色，提升仿真机床显示效果。

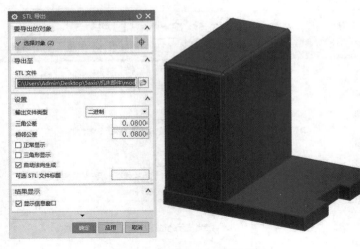

图 3-5　导出 Base1 床身部件

图 3-6　导出 Base2 床身部件

图 3-7　导出 Base3 床身部件

图 3-8　导出 Base4 床身部件

图 3-9　导出 Base5 床身部件

图 3-10　导出 Base6 床身部件

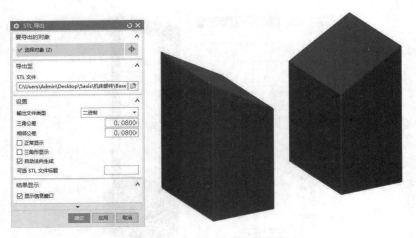

图 3-11　导出 Base7 床身部件

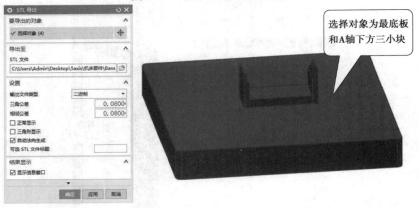

图 3-12　导出 Base8 床身部件

（4）导出各运动轴 STL 模型文件。同理导出 Z 轴部件 STL 文件，如图 3-13 所示；导出 Y 轴部件 STL 文件，如图 3-14 所示；导出 Spindle 部件 STL 文件，如图 3-15 所示；导出 A 轴部件 STL 文件，如图 3-16 所示；导出 C 轴部件 STL 文件，如图 3-17 所示。

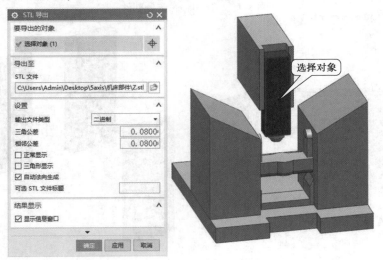

图 3-13　导出 Z 轴部件

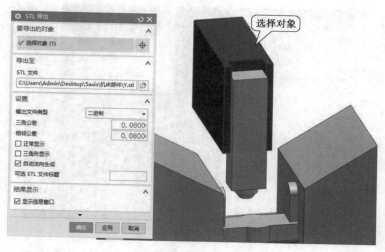

图 3-14　导出 Y 轴部件

图 3-15　导出 Spindle 部件

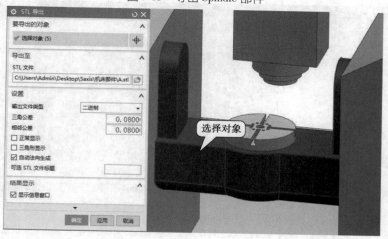

图 3-16　导出 A 轴部件

图 3-17　导出 C 轴部件

（5）完成主要部件 STL 文件导出。完成所有部件 STL 文件导出结果，如图 3-18 所示。

图 3-18　STL 结果文件

任务 3.3　在 VERICUT 8.0 中建立仿真机床

（1）新建一个公制项目文件"5axis. vcproject"。运行 VERICUT 8.0 仿真软件，如图 3-19 所示，单击主菜单【文件】-【新项目】，弹出【新的 VERICUT 8.0 项目】对话框，定义新的项目文件名为"5axis. vcproject"，如图 3-20 所示，单击【确定】。完成新项目创建。

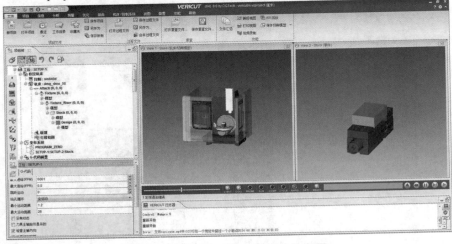

图 3-19　VERICUT 8.0 仿真软件界面

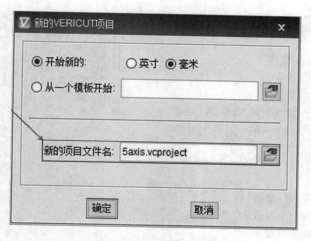

图 3-20 新项目创建

（2）显示机床组件设定。单击【显示机床组件】按钮，调出 Base 床身结构，如图 3-21 所示。完成显示机床组件设定。

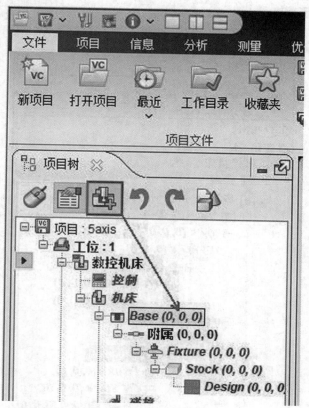

图 3-21 显示机床组件

（3）创建仿真机床运动结构。根据双摆台五轴机床各轴逻辑关系，添加各运动轴机床结构属性。右键单击【Base】，选择【添加】-【X 线性】，如图 3-22 所示，完成 X 轴机床结构属性创建。同理，添加各机床结构属性至 Base 下，结果如图 3-23 所示，完成仿真机床结构构建。

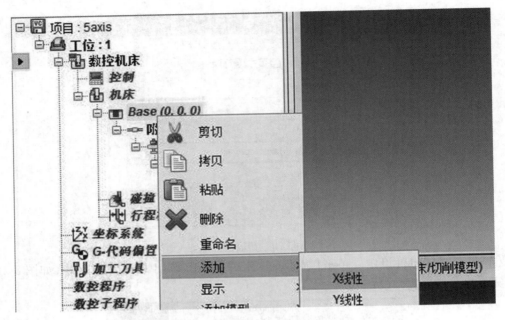

图 3-22 X 轴机床结构属性创建

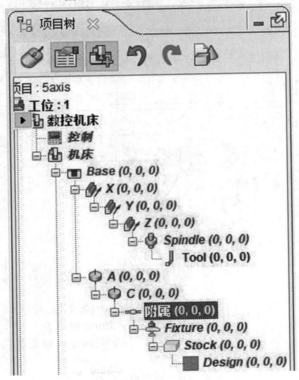

图 3-23 仿真机床结构构建结果

（4）导入模型文件。单击项目树中【Base】选项，右键单击选择【添加模型】→【模型文件】，如图 3-24 所示，弹出"打开…"路径选择窗口，选择已导出的 STL 格式的 Base. stl 文件，如图3-25所示，单击【打开】，结果如图3-26所示。完成 Base 模型导入。

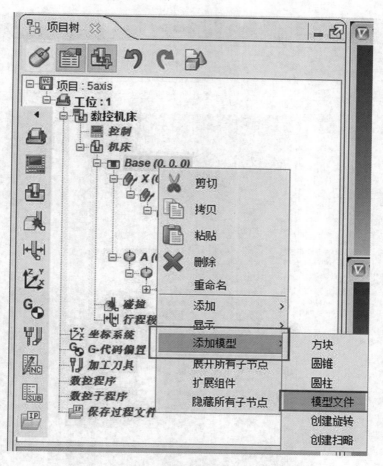

图 3-24　添加模型文件

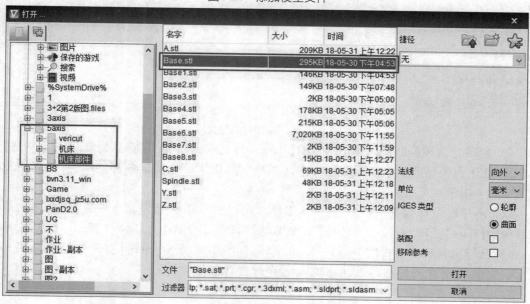

图 3-25　选择 Base 模型导入

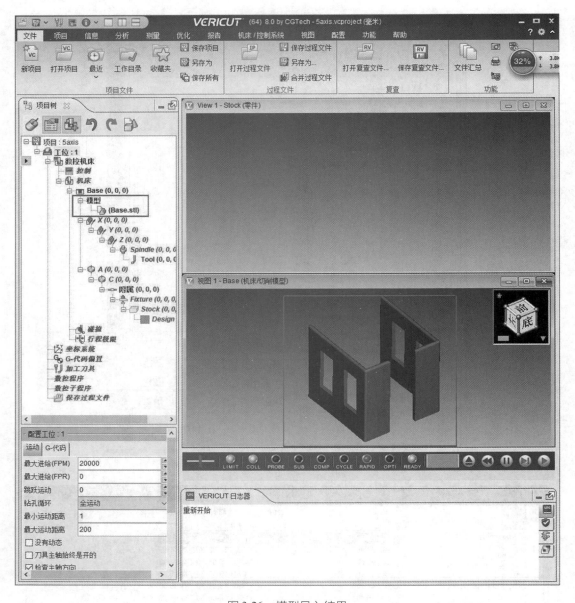

图 3-26　模型导入结果

（5）修改导入模型颜色。单击导入的【Base.stl】文件，进入配置模型菜单，单击【模型】选项卡，可在下方模型颜色中改变模型颜色，（根据实际机床颜色指定各部件颜色，提高仿真机床真实感）如图 3-27 所示。

（6）导入 Base 床身其余模型，并修改颜色。同理导入 Base 床身其余 STL 模型文件，单击项目树中【Base】选项，右键单击选择【添加模型】→【模型文件】，弹出"打开..."路径选择窗口，选择已导出的 STL 格式的 Base1—8.stl 文件，如图 3-28 所示，单击【打开】，结果如图 3-29 所示。完成 Base 床身模型导入，根据实际颜色修改各部件颜色。

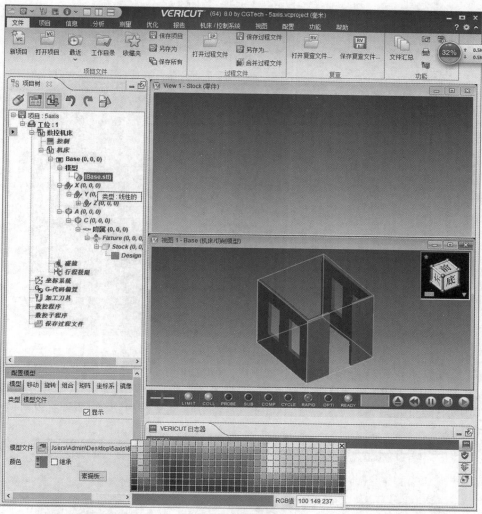

图 3-27　修改部件颜色

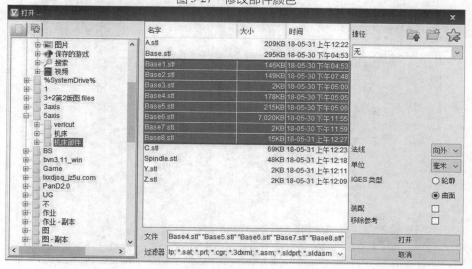

图 3-28　导入 Base 床身其余模型

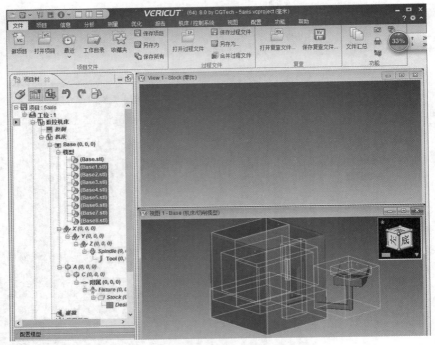

图 3-29　Base 床身模型导入结果

（7）隐藏部分 Base 床身模型文件。按键盘【Shift】键，依次单击选择【Base. stl】→【Base4. stl】→【Base5. stl】→【Base6. stl】模型文件，右键弹出选择菜单，单击【显示】，隐藏相应模型，如图 3-30 所示；结果如图 3-31 所示，完成 Base 床身部分模型文件的隐藏。同理，也可以把隐藏的文件显示。

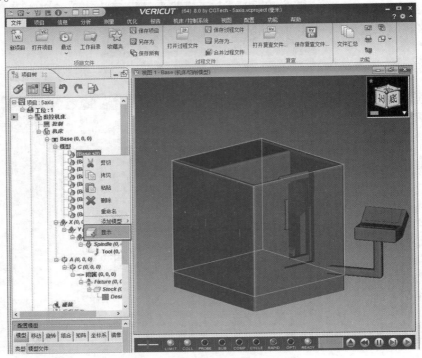

图 3-30　隐藏部分部件

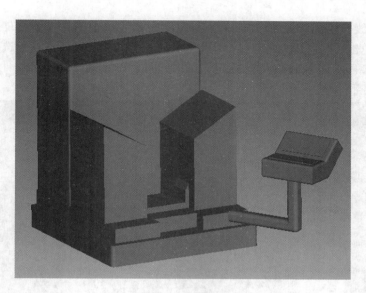

图 3-31　隐藏结果

（8）导入 Y 线性轴模型，并修改颜色。同理导入 Y 线性轴 STL 模型文件，单击项目树中【Y】选项，右键单击，选择【添加模型】→【模型文件】，弹出"打开…"路径选择窗口，选择已导出的 STL 格式的 Y. stl 文件，单击【打开】，结果如图 3-32 所示。完成 Y 线性轴模型导入，根据实际颜色修改部件颜色。

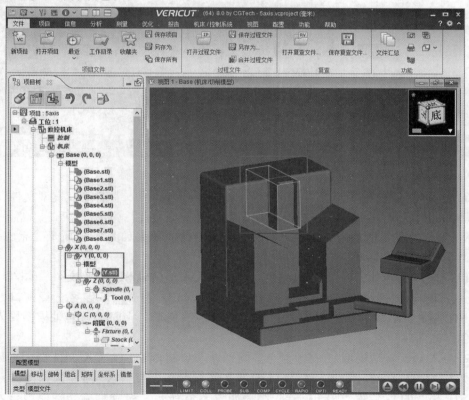

图 3-32　导入 Y 线性轴模型

（9）导入 Z 线性轴模型，并修改颜色。同理导入 Z 线性轴 STL 模型文件，单击项目树中【Z】选项，右键单击，选择【添加模型】→【模型文件】，弹出"打开…"路径选择窗口，选择已导出的 STL 格式的 Z.stl 文件，单击【打开】，结果如图 3-33 所示。完成 Z 线性轴模型导入，根据实际颜色修改部件颜色。

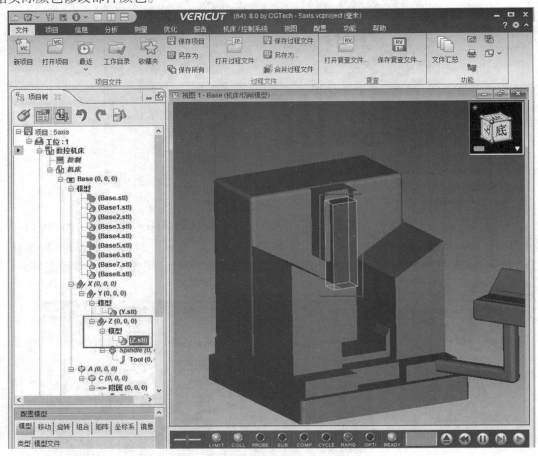

图 3-33 导入 Z 线性轴模型

（10）导入 Spindle 主轴模型，并修改颜色。同理导入 Spindle 主轴 STL 模型文件，单击项目树中【Spindle】选项，右键单击，选择【添加模型】→【模型文件】，弹出"打开…"路径选择窗口，选择已导出的 STL 格式的 Spindlestl 文件，单击【打开】，结果如图 3-34 所示。完成 Spindle 主轴模型导入，根据实际颜色修改部件颜色。

（11）导入 A 旋转轴模型，并修改颜色。同理导入 A 旋转轴 STL 模型文件，单击项目树中【A】选项，右键单击，选择【添加模型】→【模型文件】，弹出"打开…"路径选择窗口，选择已导出的 STL 格式的 A 文件，单击【打开】，结果如图 3-35 所示。完成 A 旋转轴模型导入，根据实际颜色修改部件颜色。

（12）导入 C 旋转轴模型，并修改颜色。同理导入 C 旋转轴 STL 模型文件，单击项目树中【C】选项，右键单击，选择【添加模型】→【模型文件】，弹出"打开…"路径选择窗口，选择已导出的 STL 格式的 C 文件，单击【打开】，结果如图 3-36 所示。完成 C 旋转轴模型导入，根据实际颜色修改部件颜色。

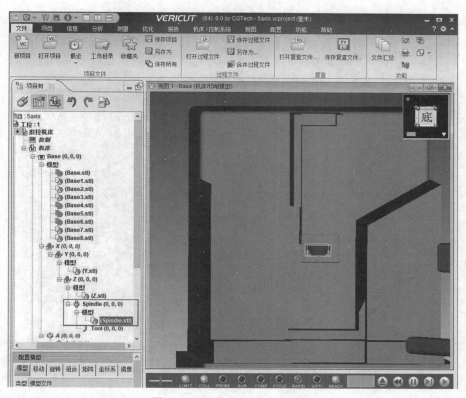

图 3-34　导入 Spindle 主轴模型

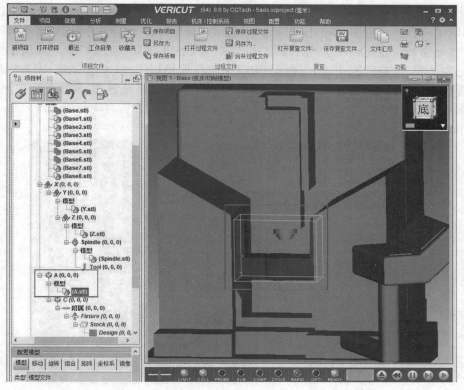

图 3-35　导入 A 旋转轴模型

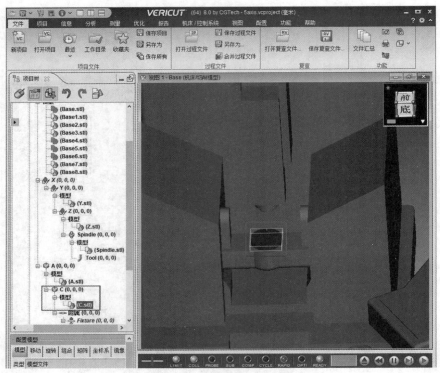

图 3-36　导入 C 旋转轴模型

　　（13）定义 A 轴旋转中心。根据机床运动结构可知，A 轴旋转中心为 A 轴部件与床身连接轴的中心，测量可知 A 轴旋转中心到基准坐标 XY 平面的距离为 205 mm，如图 3-37 所示。在 VERICUT 软件项目树中，单击【A】轴选项，显示配置组件：A，单击【移动】选项卡，单击选择【相对于坐标系位置 机床基点】，在【位置】文本框中输入"0 0 205"，如图 3-38 所示，把 A 旋转轴坐标向 Z 正方向移动 205 mm；在 VERICUT 软件项目树中，单击 A 轴模型【A. stl】选项，显示配置模型，单击【移动】选项卡，单击选择【相对于坐标系位置 机床基点】，在【位置】文本框中输入"0 0 −205"，如图 3-39 所示，把 A 旋转轴模型向 Z 负方向移动 205 mm。完成 A 轴旋转中心设定。

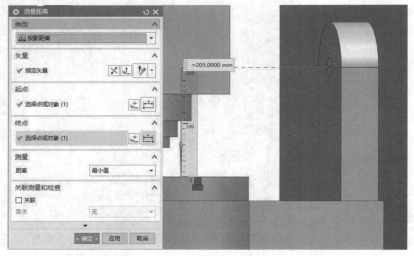

图 3-37　测量 A 轴旋转中心到基准坐标 XY 平面的距离

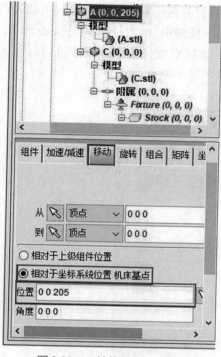

图 3-38　A 轴旋转中心设置　　　　　　　　　图 3-39　设置 A 轴模型位置

（14）定义 C 轴模型位置。在 VERICUT 软件项目树中，单击 C 轴模型【C. stl】选项，显示配置模型，单击【移动】选项卡，单击选择【相对于坐标系统位置 机床基点】，在【位置】文本框中输入"0 0 −205"，如图 3-40 所示，把 C 旋转轴模型向 Z 负方向移动 205 mm。完成 C 轴模型位置调整。

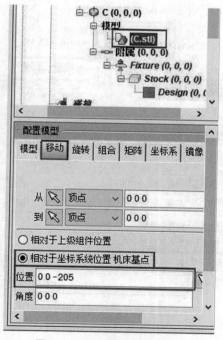

图 3-40　设置 C 轴模型位置

（15）定义主轴旋转中心。通过 UG NX 11.0 软件打开机床模型，测量可知，主轴 XY 平面旋转中心坐标为"0 330 55"。在 VERICUT 8.0 软件项目树中，单击【Spindle】主轴选项，显示配置组件：Spindle，单击【移动】选项卡，选择【相对于坐标系统位置 机床基点】，在【位置】文本框中输入"0 330 55"，如图 3-41 所示，完成仿真机床刀具装夹点设定。

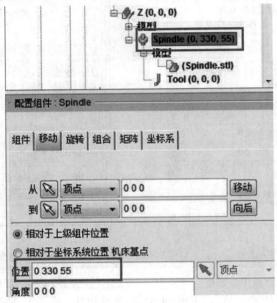

图 3-41　主轴旋转中心设置

（16）定位主轴模型。在 VERICUT 软件项目树中，单击【Spindle】主轴→【附属】，显示配置组件，单击【移动】选项卡，单击选择【相对于坐标系统位置 机床基点】，在【位置】文本框中输入"0 0 0"，如图 3-42 所示，完成主轴模型设置。

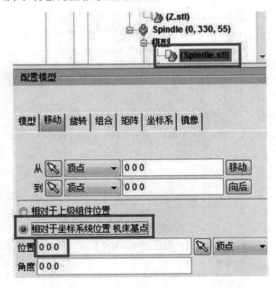

图 3-42　定位主轴模型

任务 3.4　保存仿真机床

（1）工作目录设定。单击主菜单【文件】→【工作目录】弹出【工作目录】对话框，设置文件工作目录保存路径，例如：C:\Users\Admin\Desktop\5axis\VERICUT，如图 3-43 所示。

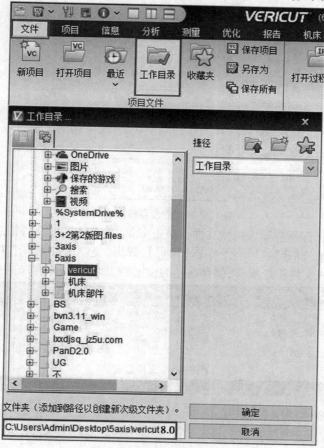

图 3-43　工作目录设定

（2）保存五轴仿真机床.mch 文件。在 VERICUT 8.0 软件项目树中，右键单击【机床】→【保存】，如图 3-44 所示，弹出保存机床文件对话框，在文件文本框中输入"5axis"，单击【保存】，结果如图 3-45 所示，完成仿真机床的保存，保存路径为设定的工作目录。

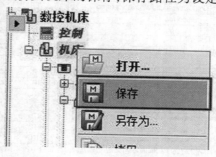

图 3-44　保存机床文件对话框

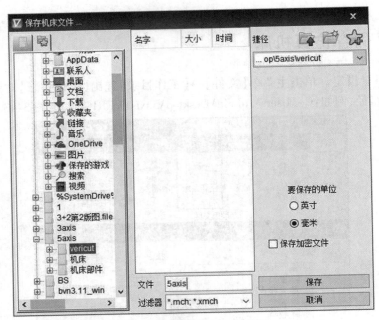

图 3-45　完成保存机床文件

（3）文件汇总，保存所有导入模型文件。单击主菜单【文件】→【文件汇总】，如图 3-46 所示，弹出文件汇总对话框，如图 3-47 所示，单击【拷贝】，弹出"复制文件到…"对话框，如图 3-48 所示，单击【确定】，完成文件汇总操作，保存路径为设定的工作目录，保存结果如图 3-49 所示。

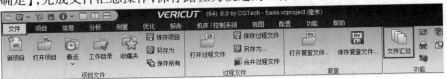

图 3-46　文件汇总

图 3-47　拷贝文件

图 3-48　保存文件

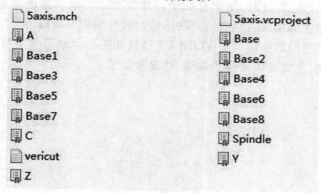

图 3-49　保存文件结果

第二部分

三轴铣削加工

　　本书第二部分主要介绍 UG NX 11.0 CAM 模块 2.5 轴、3 轴、孔加工和 VERICUT 8.0 仿真加工的应用,通过典型的案例介绍了具体的加工方法。案例来自生产一线,为工厂中的实际典型零件的加工,如项目四:联接板的数控编程与 VERICUT 仿真加工,项目五:汽车轮毂模具电极的数控编程与 VERICUT 仿真加工。读者可参考书中的案例所给出的加工工艺及方法,完成类似零件的编程、仿真及加工。

项目四

联接板的数控编程与 VERICUT 仿真加工

【学习目标】

技能目标:能运用 UG NX 11.0 软件完成联接板零件的编程。
　　　　　能运用 VERICUT 8.0 软件对零件进行虚拟仿真加工。
　　　　　能使用加工中心设备对零件进行切削加工。

知识目标:掌握 2.5 轴(平面铣、平面轮廓铣)的加工方法。
　　　　　掌握孔加工工艺流程与编程方法。

素质目标:激发学生自主学习兴趣,培养学生团队合作交流的意识和能力。

【项目导读】

联接板零件结构简单,特征主要有轮廓、凹槽、孔构成,适用加工中心进行加工。

【任务描述】

学生以企业制造部门 NC 数控程序员的身份进入 UG NX 11.0 CAM 功能模块,根据联接板零件特征,制订合理的工艺路线,创建 2.5 轴、孔加工的工序,设置必要的加工参数,生成刀具路径,通过相应的后处理生成 G 代码,在 VERICUT 8.0 仿真软件进行虚拟仿真加工,解决存在的问题和不足,并对工序过程中存在的问题进行研讨和交流,运用加工中心对零件进行切削加工。

【工作任务】

按照零件加工要求,制订联接板的加工工艺;编制联接板加工程序;完成联接板仿真加工;优化数控程序后在加工中心完成零件加工。

任务 4.1　制订加工工艺

1.联接板零件分析

联接板结构比较简单,主要由轮廓、凹槽、孔等组成,主要加工内容为外形、孔、凹槽。经过对零件加工部分的最小半径分析,可知零件加工部分的最小内凹圆弧半径为 12.5 mm(最小孔除外)、凹槽宽为 45,所以可以选用比槽宽小和圆弧半径小的刀进行加工。

2. 毛坯选用

零件材料为厚度为 12 mm 的 45 钢板六面精磨到尺寸为 112 mm × 72 mm × 12 mm。

3. 制订加工工序卡

零件选用加工中心完成加工,根据先粗后精的加工原则,制订数控加工工序卡如表 4-1 所示。

表 4-1　数控加工工序卡

零件名称	联接板		零件图	4-1		夹具名称	台虎钳
设备名称及型号			加工中心 V600				
材料名称及牌号		45 钢		工序名称		数控加工	
工步内容	切削参数			刀具			
	主轴转速	进给速度		编号	名称		
孔定位点	2 000	100		T3	T3ZZ	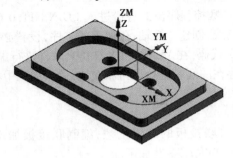	
孔加工	800	80		T4	T4Z9		
粗加工	3 500	3 000		T1	T1D16		
侧壁精加工	3 500	2 500		T2	T2D10		
						××职业技术学院	

任务 4.2　编制加工程序

(1)导入零件。UG NX 11.0 打开 4-1.prt 文件,进入建模模块界面,如图 4-1 所示。

图 4-1　打开文件

(2)进入加工模块。单击【文件】→【启动】→【加工】,如图 4-2 所示,弹出"加工环境"对话框,CAM 会话配置选择"cam_general";要创建的 CAM 设置选择"mill_planar",如图 4-3 所示,单击【确定】,进入加工模块。

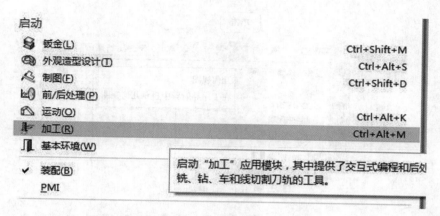

图 4-2　加工环境对话框

图 4-3　加工环境对话框 CAM 会话配置

快捷键

进入加工模块："Ctrl + Alt + M"；进入建模模块："Ctrl + M"。

（3）进入几何视图。在主页处，单击【几何视图】，切换进入几何视图，如图 4-4 所示。

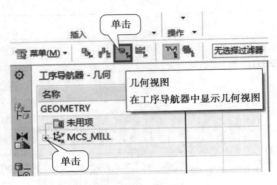

图 4-4　几何视图

（4）安全平面设置。双击工序导航器中的【MCS_MILL】，弹出 MCS 铣削对话框，安全设置选项选择"自动平面"，安全距离输入【10】，如图 4-5 所示。

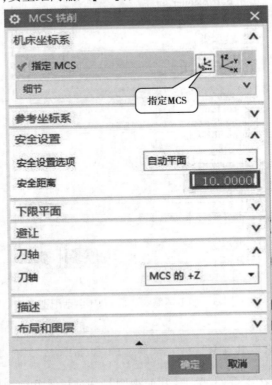

图 4-5　加工坐标系的设置

（5）创建加工坐标系。单击【指定 MCS】，弹出 CSYS 对话框，参考 CSYS 选择"WCS"，单击

【确定】，使加工坐标系和工作坐标系重合，如图 4-6 所示。单击【确定】。完成加工坐标系设置。

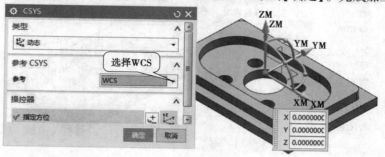

图 4-6　加工坐标系的设置

（6）指定工件。单击【MCS_MILL】前面的【加号】，双击工序导航器中的【WORKPIECE】，弹出工件对话框，如图 4-7 所示。

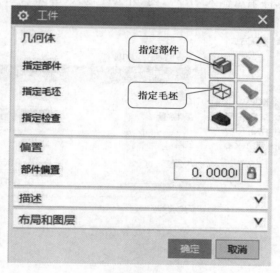

图 4-7　工件对话框

（7）指定部件几何体。单击【指定部件】，弹出部件几何体对话框，选择"加工部件"，如图 4-8 所示。单击【确定】，完成指定部件几何体。

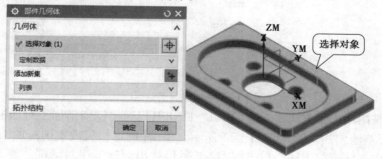

图 4-8　指定部件

（8）创建加工毛坯。单击【指定毛坯】，弹出毛坯几何体对话框，类型选择"包容块"。如图 4-9 所示，单击【确定】，完成指定毛坯几何体，单击【确定】，完成工件设定。

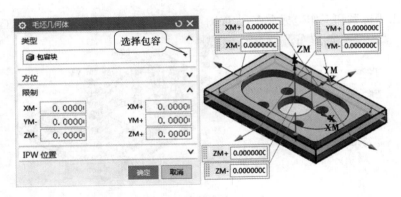

图4-9 毛坯几何体设置

（9）设置铣削粗加工方法。转换至【加工方法视图】，双击打开【MILL_ROUGH】，弹出铣削粗加工对话框，输入部件余量输入"0.3"，内、外公差输入"0.08"，如图4-10所示。单击【确定】，完成铣削粗加工方法设置。

图4-10 铣削粗加工对话框

（10）设置铣削精加工方法。双击【MILL_FINISH】，弹出铣削精加工对话框，部件余量输入"0"，内、外公差输入"0.007"，如图4-11所示。单击【确定】，完成铣削精加工方法设置。

（11）创建中心钻定位工序。单击【创建工序】，弹出创建工序对话框。类型选择【drill】，工序子类型选择【定心钻】，程序选择【NC_PROGRAM】，刀具选择【T3ZZ（中心钻）】，几何体选择【WORKPIECE】，方法选择【DRILL_METHOD】如图4-12所示，单击【确定】，弹出定心钻对话框，如图4-13所示。

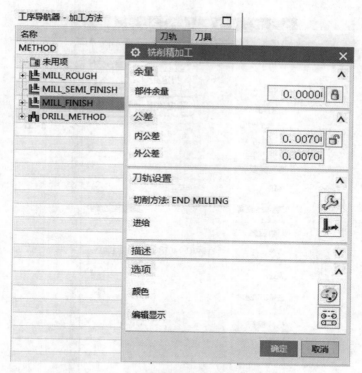

图 4-11　铣削精加工对话框

图 4-12　创建工序

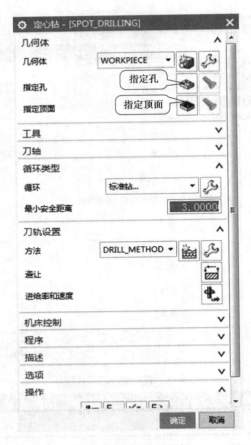

图 4-13   定心钻对话框

（12）指定孔。单击【指定孔】，弹出点到点几何体对话框，单击【选择】，弹出选择点对话框，选择 5 个孔，如图 4-14 所示，单击【确定】。完成指定孔。

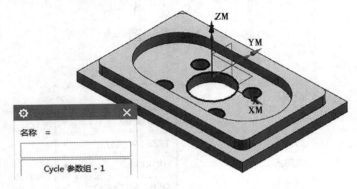

图 4-14   指定孔

（13）指定顶面。单击【指定顶面】，弹出顶面对话框，顶面选项选择"面"，选择工件上表面为顶面。如图 4-15 所示。单击【确定】，完成指定顶面。

（14）设置标准钻参数。单击【循环类型】，选择"标准钻"，弹出指定参数组对话框，输入"1"，如图 4-16 所示，单击【确定】，弹出 Cycle 参数对话框。单击【Depth】设置钻孔深度，弹出 Cycle 深度对话框，单击【刀尖深度】，输入"4"，单击【确定】，完成钻孔深度设置。单击【进给率】,弹出 Cycle 进给率对话框,进给速度输入"100",单击【确定】,完成进给率设置。单击【Rtrcto】→【距离】,输入"5",单击【确定】,完成退刀高度设置。如图 4-17 所示,单击【确定】,完成 Cycle 参数设置。

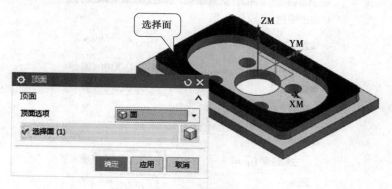

图 4-15　指定顶面

图 4-16　指定参数组对话框

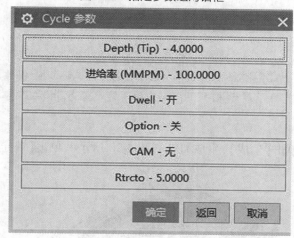

图 4-17　Cycle 参数对话框

(15)设置最小安全距离。最小安全距离输入"0.5",如图 4-18 所示。

图 4-18　最小安全距离设置

（16）进给率和速度设置。在刀轨设置中，单击【进给率和速度】，设置主轴转速输入"2000"，单击【计算】，如图4-19所示，单击【确定】，完成转速和进给的设置。

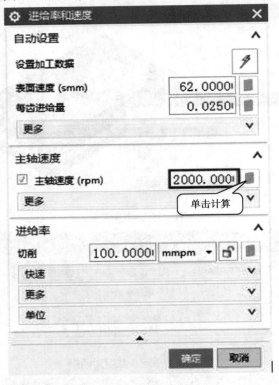

图4-19　进给率和速度设置

注意事项

　　进给率和速度设置需要按照刀具材质、毛坯材质、加工环境等因素决定，本书设置的主轴转速和切削速度只是为了展示相关的功能，并不能代表实际生产需求，加工生产时按实际情况设置参数。

（17）生成刀轨。单击【生成】，生成刀轨如图4-20所示。单击【确定】，完成中心孔工序。

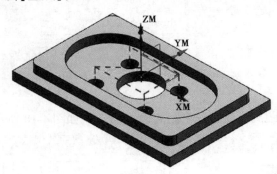

图4-20　钻中心孔刀轨

（18）创建钻孔工序。单击【创建工序】，弹出创建工序对话框，类型选择【drill】，工序子类型选择【断屑钻】，程序选择【NC_PROGRAM】，刀具选择【T4Z9】，几何体选择【WORKPIECE】，方法选择【DRILL_METHOD】，如图 4-21 所示，单击【确定】，弹出断屑钻对话框，如图 4-22 所示。

图 4-21　创建工序对话框

图 4-22　断屑钻对话框

（19）指定孔。单击【指定孔】，弹出点到点几何体对话框，单击【选择】，选择孔如图 4-23 所示。单击【确定】，再单击【确定】完成指定孔。

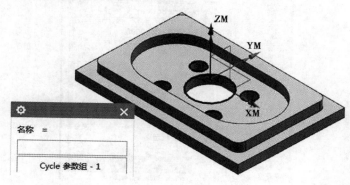

图 4-23　指定孔

（20）指定加工顶面。单击【指定顶面】，弹出顶面对话框，顶面选项为"平面"，选择工件上表面，如图4-24所示。单击【确定】，完成指定加工顶面。

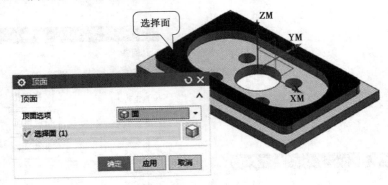

图4-24　指定加工顶面

（21）指定加工底面，单击【指定底面】，弹出底面对话框，底面选项为"平面"，选择工件下表面为底面，距离输入"12"单击【确定】，如图4-25所示。完成指定加工底面。

图4-25　指定加工底面

（22）设置断屑钻参数。单击【循环类型】，选择【标准钻-断屑】，弹出指定参数组对话框，输入"1"单击【确定】，弹出Cycle参数对话框。单击【Depth】设置钻孔深度，弹出Cycle深度对话框，选择"穿过底面"，单击【确定】，完成钻孔深度设置。单击【进给率】，弹出Cycle进给率对话框，输入进给速度"80"，单击【确定】，完成进给率设置。单击【Rtrcto】→【距离】，输入"3"，单击【确定】，完成退刀高度设置。单击【Step值】，选择"Step#1"输入"3"，单击【确定】，如图4-26所示，单击【确定】，完成Cycle参数设置。

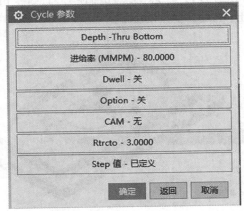

图4-26　Cycle参数对话框

（23）设置深度偏置。选择循环类型"最小安全距离"，输入"0.5"，选择深度偏置"通孔安全距离"，输入"1"如图 4-27 所示。完成深度偏置设置。

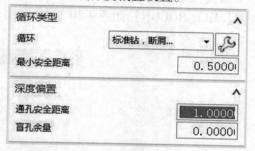

图 4-27　最小安全距离设置和通孔安全距离设置

（24）进给率和速度设置。在刀轨设置中，单击【进给率和速度】，设置主轴转速输入"800"，单击【计算】，如图 4-28 所示，单击【确定】，完成进给率和速度设置。

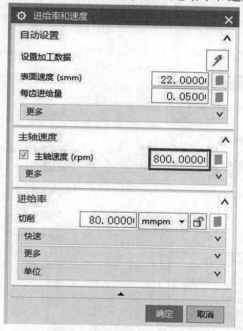

图 4-28　进给率和速度设置

（25）生成刀轨。单击【生成】，结果如图 4-29 所示，单击【确定】。完成钻 $\Phi 9$ 钻孔工序。

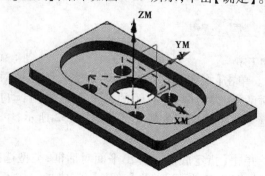

图 4-29　生成刀轨

（26）创建平面铣粗加工工序。单击【创建工序】，弹出创建工序对话框，类型选择"mill_planar"，工序子类型选择"平面铣"，程序选择【NC_PROGRAM】，刀具选择【T1D16】，几何体选择【WORKPIECE】，方法选择【MILL_ROUGH】，如图4-30所示，单击【确定】，弹出平面轮对话框，如图4-31所示。

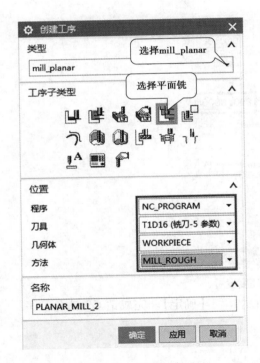

图 4-30 创建工序

图 4-31 平面铣对话框

（27）指定部件边界。单击【指定部件边界】，弹出边界几何体对话框，在模式中选择"曲线/边"，弹出创建边界对话框，类型选择【封闭的】，平面选择【自动】，材料侧选择【内部】，刀具位置选择【相切】，选择零件上表面最大轮廓线，如图4-32所示，单击【确定】，完成指定部件边界。

（28）指定加工底面，单击【指定底面】，弹出平面对话框，类型选择【自动判断】，选择零件台阶底面作为加工底面，如图4-33所示，单击【确定】，完成指定加工底面。

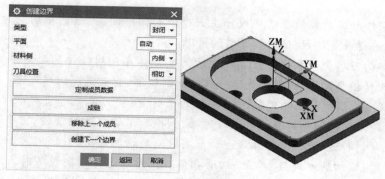

图 4-32　创建边界

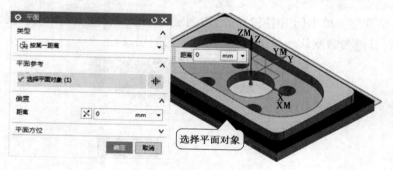

图 4-33　指定加工底面

（29）设置刀轨切削模式。单击刀轨设置中的切削模式选择为【轮廓】,如图 4-34 所示,完成刀轨切削模式设置。

图 4-34　指定切削模式

相关知识

在平面铣的操作中,切削模式共有 8 种。

1. 跟随部件:"跟随部件"切削产生一系列仿形被加工零件所有指定轮廓的刀轨,即仿形切削去的外周壁和仿形切削区中的岛屿,这些刀轨的形状是通过偏移切削区的外轮廓和岛屿轮廓获得的。

2. 跟随周边:"跟随周边"切削将产生一系列的同心封闭的环行刀轨,所产生的刀轨与切削区域的形状有关,这些刀轨的形状是通过偏移切削区的外轮廓获得的,当内部偏置的形状产生重叠时,它们将被合并为一条轨迹,然后再重新进行偏置产生下一条刀轨。

3. 轮廓:轮廓是创建一条或指定数量的切削刀路来对部件壁面进行粗、精加工。

4. 标准驱动:标准驱动是一个类似轮廓铣的"轮廓"切削方法。但与轮廓铣相比有如下的差别:轮廓铣不允许刀轨自我交叉,而标准驱动可以通过"平面操作"对话框和"切削参数"对话框中选择决定是否允许刀轨自我交叉。

5. 摆线:摆线加工的目的在于通过产生一个小的回转圆圈,避免在切削时发生全刀切入而导致切削的材料量过大,使刀具断裂的情况。

6. 单向:单向刀路为一系列平行直线。切削是刀具在切削轨迹的起点进刀,切削到终点后,刀具退回转换平面高度,转移到下一行的切削轨迹,直至完成切削为止。

7 往复:"往复"切削产生的刀轨为一系列的平行直线,刀具轨迹直观明了,没有抬刀,允许刀具在步距运动期间保持连续的进给运动,数控加工的程序段数较少,平均长度较长,能最大限度地对材料进行切除,是最经济和节省时间的切削运动。

8. 单向轮廓:该切削方式与"单向"切削相似。但是在进行横向进给时,刀具沿切削区域的轮廓进行切削。该方式可以使刀具始终保持"顺铣"或"逆铣"切削。

(30)设置切削层。单击【切削层】,弹出切削层对话框,类型选择"恒定",公共输入"2",如图 4-35 所示,其他参数默认。单击【确定】,完成切削层设置。

图 4-35　每层切削深度设定

注意事项

每层切削深度设置需要按照刀具材质、毛坯材质、加工环境等因素决定,本书设置的参数只是为了展示相关的功能,并不能代表实际生产需求,加工生产时按实际情况设置。

(31)设置切削参数,单击【切削参数】,弹出切削参数对话框,单击【余量】选项卡,设置部件余量参数输入"0.3",最终底面余量参数输入"0.1",如图 4-36 所示,其他选项卡参数默认,单击【确认】,完成切削参数设置。

(32)设置非切削移动。单击【非切削移动】,弹出非切削移动对话框,单击【进刀】选项卡,设置开放区域参数,进刀类型选择【圆弧】,半径输入"3",圆弧角度"90",高度"3",最小安全距离"3",如图 4-37 所示;单击【起点/钻点】,单击区域起点的指定点的对话框,指定区域起点如图 4-38 所示。其他选项卡参数默认,单击【确认】,完成非切削移动设置。

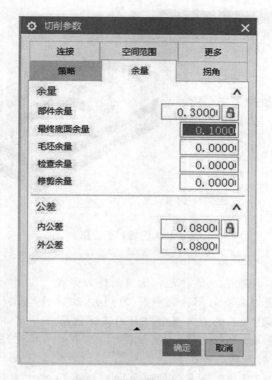

图 4-36　切削参数对话框

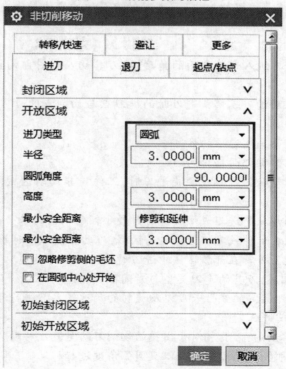

图 4-37　非切削移动进刀设置

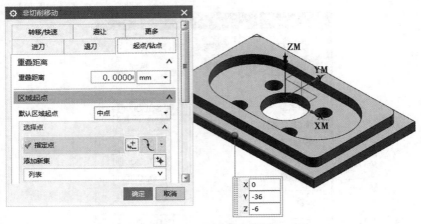

图4-38　区域起点设置

相关知识

1. 封闭区域:设置部件或毛坯边界之内区域的进刀方式。

进刀类型:用于设置刀具在封闭区域中进刀时切入工件的类型。

(1)与开放区域相同:刀具的走刀类型与封闭区域相同。

(2)螺旋:刀具沿螺旋线切入工件,刀具轨迹(刀具中心的轨迹)是一条螺旋线,此种进刀方式可以减少切削时对刀具的冲击力。

(3)沿形状斜进刀:刀具按照一定的倾斜角切入工件,能减少刀具的冲击力。

(4)插销:刀具沿直线垂直切入工件,进刀时刀具的冲击力较大,一般不选择这种进刀方式。

(5)无:没有进刀运动。

斜坡角:刀具斜进刀进入部件表面的角度,即刀具切入材料前的最后一段进刀轨迹与部件表面的角度。

高度:刀具沿形状斜进刀或螺旋进刀时的进刀点与切削点的垂直距离,即进刀点与部件表面的角度。

高度起点:定义前面高度选项的计算参照。

最大宽度:斜进刀时相邻两拐角间的最大宽度。

最小安全距离:沿形状斜进刀或螺旋进刀时,工件内非切削区域与刀具之间的最小安全距离。

最小斜面长度:沿形状斜进刀或螺旋进刀时最小倾斜斜面的水平长度。

2. 开放区域:设置在部件或毛坯边界之外区域,刀具靠近工件时的进刀方式。

进刀类型:用于设置刀具在开放区域中进刀时切入工件的类型。

(1)与封闭区域相同:刀具的走刀类型与封闭区域相同。

(2)线性:刀具按照指定的线性长度以及旋转的角度等参数进行移动,刀具逼近切削点时的刀轨是一条直线或斜线。

(3)线性—相对于切削:刀具相对于衔接的切削刀路呈直线移动。

(4)圆弧:刀具按照指定的圆弧半径以及圆弧角度进行移动,刀具逼近切削点时的刀轨是一段圆弧。

(5)点:从指定点开始移动。选取选项后,可以用下方的"点构造器"和"自动判断点"

来指定进刀开始点。

　　（6）线性—沿矢量：指定一个矢量和一个距离来确定刀具的运动矢量,运动方向和运动距离。

　　（7）角度平面：刀具按照指定的两个角度和一个平面进行移动,其中,角度可以确定进刀的运动方向,平面可以确定进刀开始点。

　　（8）矢量平面：刀具按照指定的一个矢量和一个平面进行移动,矢量确定进刀方向,平面确定进刀开始点。

　　（33）设置进给率和速度。单击【进给率和速度】,主轴速度输入"3500",进给率输入"3000",单击【计算】,如图4-39所示,单击【确定】,完成进给率和速度设置。

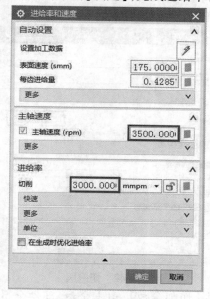

图4-39　进给率和速度

　　（34）生成刀轨。单击【生成】,如图4-40所示,单击【确定】。完成平面铣粗加工工序。

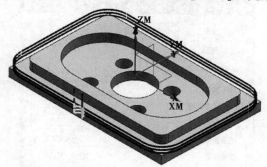

图4-40　零件外轮廓粗加工刀轨

　　（35）精加工底面工序。在工序导航器中右击工序【PLANAR_MILLL】,选择【复制】,在工序导航器中【PLANAR_MILLL】【右键】选择【粘贴】,结果如图4-41所示。

　　（36）设置切削层。在工序导航器中双击工序【PLANAR_MILL_COPY】,弹出平面铣对话框,单击【切削层】,弹出切削层对话框,类型选择"恒定"每刀切削深度公共参数输入"0",如

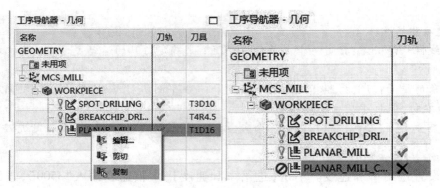

图 4-41　复制结果

图 4-42 所示,其他参数默认,单击【确定】,完成切削层设置。

图 4-42　切削层

(37)设置切削参数。单击【切削参数】,单击余量,部件余量输入"0.35",最终底面余量输入"0",如图 4-43 所示。其他选项卡参数默认,单击【确认】,完成切削参数设置。

图 4-43　切削参数

相关知识

把余量多加 0.05 mm,避免精加工底面时切削到侧壁,提高底面加工质量。

(38)设置进给率和速度。单击【进给率和速度】,主轴转速输入"3600",更改进给率"2500",单击【计算】,如图 4-44 所示,单击【确认】。完成转速和进给设置。

图 4-44　进给率和速度设置

(39)生成刀轨。单击【生成】,如图 4-45 所示,单击【确定】。完成底面精加工工序。

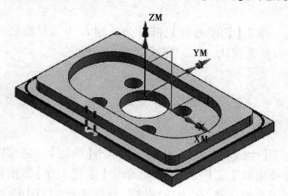

图 4-45　底面精加工刀路

(40)精加工壁工序。在工序导航器中【右键】单击工序【PLANAR_MILL_COPY】,单击【复制】,在工序导航器中【PLANAR_MILL_COPY】【右键】单击【粘贴】,结果如图 4-46 所示。

图 4-46　复制结果

（41）刀轨设置。在工序导航器中双击工序【PLANAR_MILL_COPY_COPY】，弹出平面铣对话框，刀具选择"T2D10"，刀轨设置的方法选择"MILL_FINNISH"，步距选择恒定，最大距离输入"0.01"，附加刀路输入"1"，如图 4-47 所示。完成刀轨设置。

图 4-47　刀轨设置对话框

相关知识

　　精加工壁时附加一个刀路可以使加工更加到位，可更好控制机床和刀具等所产生的误差，提高加工精度。

（42）设置切削参数。单击【切削参数】，部件余量输入"0"，最终底面余量输入"0.01"，如图 4-48 所示，其他选项卡参数默认，单击，完成切削参数设置。

相关知识

　　精加工侧壁时，设定底面余量为 0.01，在允许的公差范围内，使刀具精加工侧壁时避免重复切削到底面，提高底面表面质量。

（43）生成刀轨。单击【生成】，如图 4-49 所示，单击【确定】。完成精加工壁工序。

（44）创建平面轮廓铣粗加工工序。在页面，单击【创建工序】弹出创建工序对话框，类型选择"mill_planar"，工序子类型选择"平面轮廓铣"，程序选择"T1D16"，刀具选择"T1D16"，几何体选择"WORKPIECE"，方法选择"MILL_ROUGH"，如图 4-50 所示，单击【确定】，弹出平面轮廓铣对话框，如图 4-51 所示。

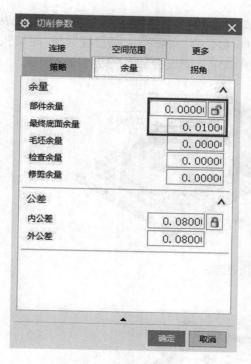

图 4-48　切削参数对话框

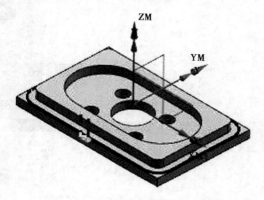

图 4-49　零件外轮廓壁精加工刀路

图 4-50　创建工序

图 4-51　平面轮廓铣对话框

（45）指定部件边界。单击【指定部件边界】,弹出边界几何体对话框,在模式中选择"曲线/边",弹出创建边界对话框,类型选择"封闭的",平面选择"用户定义",选择零件的上表面为此工序的平面,如图4-52所示,单击【确定】,材料侧选择"外部",刀具位置选择"相切",选择切削轮廓,如图4-53所示,单击【确定】,再单击【确定】,完成指定部件边界设置。

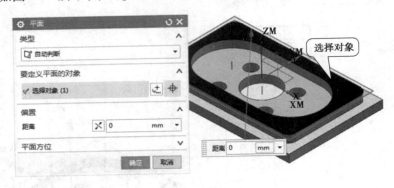

图4-52 平面对话框

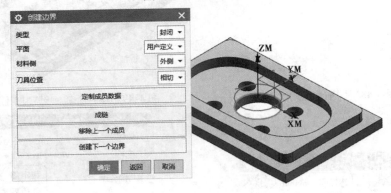

图4-53 创建边界

(46)指定底面。单击【指定底面】,弹出平面对话框,选择零件底面,距离输入"13",如图4-54所示,单击【确定】,完成指定底面。

图4-54 指定底面

(47)刀轨设置。切削深度选择"恒定",公共输入"0"如图4-55所示。完成刀轨设置。

图4-55 切削深度设置

（48）设置非切削移动。单击【非切削移动】，弹出非切削移动对话框，单击【进刀】选项卡，在封闭区域，进刀类型选择"沿形状斜进刀"，斜坡角输入"1"，高度输入"0.3"，高度起点选择"前一层"，将开放区域的进刀类型选择"与封闭区域相同"。如图 4-56 所示，其他选项卡参数默认，单击【确定】，完成非切削移动设置。

（49）设置进给率和速度。单击【进给率和速度】，设置主轴速度输入"3500"，设置进给率输入"2500"，单击【计算】，如图 4-57 所示，单击【确定】，完成转速和进给设置。

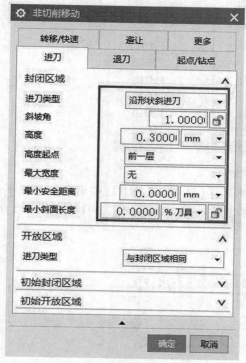

图 4-56　非切削移动对话框

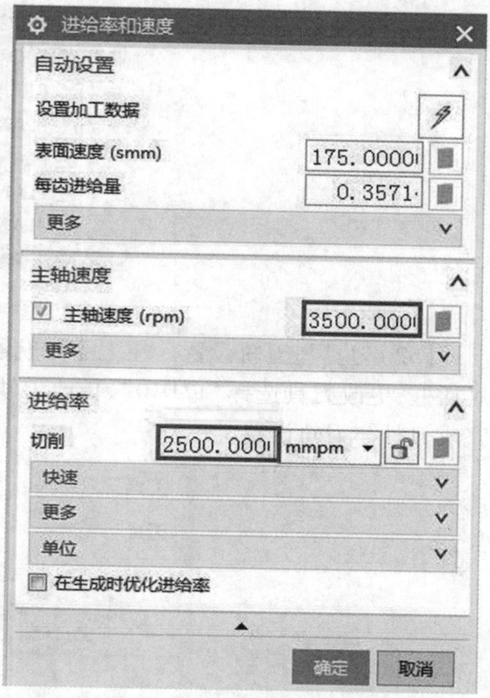

图 4-57　进给率和速度

（50）生成刀轨。单击【生成】，如图 4-58 所示，单击【确定】。完成平面轮廓铣粗加工工序。

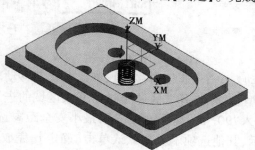

图 4-58　粗加工刀轨

相关知识

通过修改开放区域与封闭区域进刀类型相同，封闭区域进刀类型为沿形状斜进刀的方式，生成工件区域内轮廓螺旋粗加工的工序。

（51）精加工壁工序。在工序导航器中【右键】单击工序【PLANAR_PROFILE】，单击【复制】，在工序导航器中【PLANAR_PROFILE】【右键】单击【粘贴】，结果如图4-59所示。

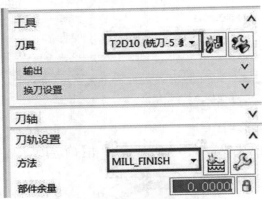

图4-59　复制结果

（52）刀具与刀轨设置。在工序导航器中双击工序【PLANAR_MILL_COPY1】，弹出平面铣对话框，更改刀具选择"T2D10"，更改刀轨设置的方法选择"MILL_FINNISH"如图4-60所示。完成刀具与刀轨设置。

图4-60　刀具与方法的设置

（53）设置非切削移动。单击【非切削移动】，弹出非切削移动对话框，单击【进刀】选项卡，在封闭区域，进刀类型选择"与开放区域相同"，开放区域的进刀类型选择"圆弧"，半径输入"3.0"，圆弧角度输入"90.0"，高度输入"3"，最小安全距离选择"修建和延伸"参数输入"3.0"，如图4-61所示，其他选项卡参数默认单击【确定】，完成非切削移动设置。

（54）设置进给率和速度。单击【进给率和速度】，主轴速度输入"3500"，进给率输入"2000"，单击【计算】，如图4-62所示，单击【确定】，完成进给率和速度设置。

（55）生成刀轨。单击【生成】，如图4-63所示，单击【确定】。完成壁精加工工序。

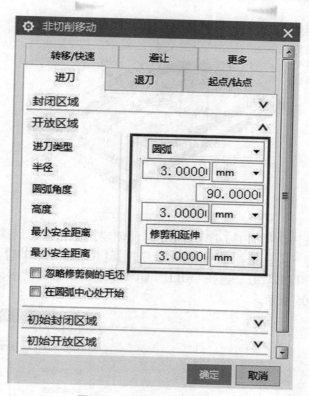

图 4-61 非切削移动对话框

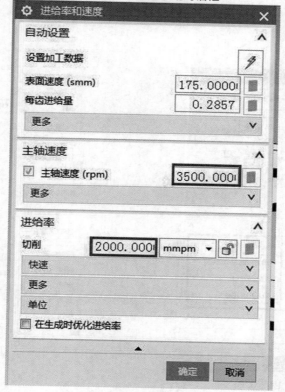

图 4-62 进给率和速度设置

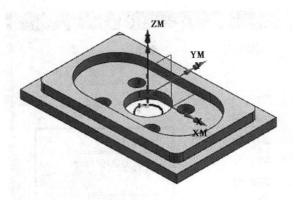

图 4-63　壁精加工刀路

（56）创建平面铣凹槽粗加工工序。单击页面【创建工序】，弹出创建工序对话框，类型选择"mill_planar"，工序子类型选择"平面铣"，程序选择【NC_PROGRAM】，刀具选择"T1D16"，几何体选择"WORKPIECE"，方法选择"MILL_ROUGH"，如图 4-64 所示，单击【确定】，弹出平面铣对话框，如图 4-65 所示。

图 4-64　创建工序

图 4-65　平面铣对话框

（57）指定部件边界。单击【指定部件边界】，弹出边界几何体对话框，在模式中选择"曲线/边"，弹出创建边界对话框，类型选择"封闭的"，平面选择"自动"，材料侧选择"外侧"，刀具位置选择"相切"，选择上表面凹槽轮廓为加工边界，如图 4-66 所示，单击【确定】，完成指定部件边界。

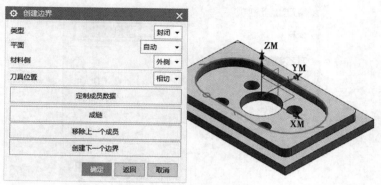

图 4-66　创建边界

（58）指定底面。单击【指定底面】，弹出平面对话框，类型选择"自动判断"，单击凹槽底面，如图 4-67 所示，单击【确定】，完成指定底面。

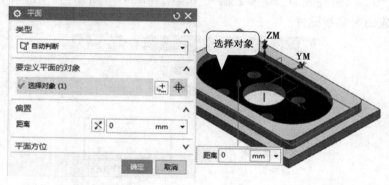

图 4-67　指定底面

（59）刀轨设置。切削模式选择"跟随部件"，步距选择"刀具平直百分百"，平面直径百分比输入"65"，如图 4-68 所示。完成刀轨设置。

图 4-68　刀轨设置

（60）设置切削层。单击【切削层】，弹出切削层对话框，类型选择"恒定"，公共输入"2"，如图 4-69 所示，其他参数默认。单击【确定】，完成切削层设置。

图 4-69　切削层对话框

（61）设置切削参数。单击【切削参数】，弹出切削参数对话框，单击【余量】选项卡，部件余量参数输入"0.3"，最终底面余量参数输入"0.1"，如图 4-70 所示，其他选项卡参数默认，单击【确认】，完成切削参数设置。

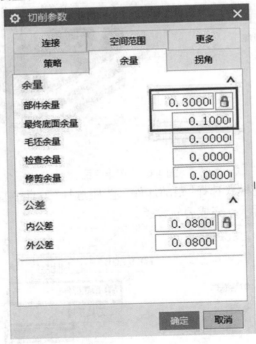

图 4-70　切削参数对话框

（62）设置非切削移动进刀。单击【非切削移动】，弹出非切削移动对话框，单击【进刀】选项卡，封闭区域进刀类型选择"与开放区域相同"。开放区域的进刀类型选择"线性"，如图4-71所示。

图 4-71　非切削移动对话框

（63）设置非切削移动【起点/钻点】。单击【起点/钻点】选项卡如图 4-72 所示，单击【预钻孔点】→【指定点】，弹出点对话框，选择中间大孔的"圆心"为指定点，如图 4-73 所示，单击【确定】，其他选项卡参数默认，单击【确认】，完成非切削移动设置。

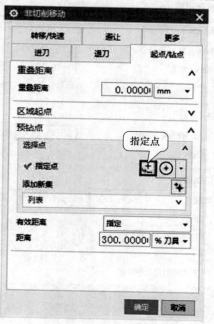

图 4-72　非切削移动对话框

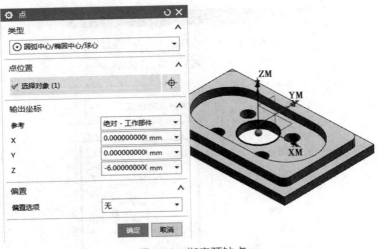

图 4-73　指定预钻点

相关知识

　　区域起点:"区域起点"指定加工的开始位置。定制起点不必定义精确的进刀位置,它只需定义刀具进刀的大致区域。系统根据起点位置、指定的切削模式和切削区域的形状来确定每个切削区域的精确位置。

　　预钻孔点:在进行平面铣粗加工时,为了改善刀具下刀时的受力状态,可以先在切削区域钻一个大于刀具直径的孔,再在这个孔中心下刀。

　　(64)设置进给率和速度。单击【进给率和速度】,主轴速度输入"3500",进给率输入"2800",单击【计算】,如图 4-74 所示,其他参数默认,单击【确定】,完成进给率和速度设置。

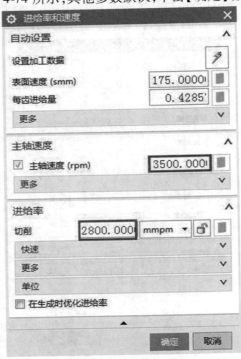

图 4-74　进给率和速度

（65）生成刀轨。单击【生成】，如图 4-75 所示，单击【确定】。完成平面铣凹槽粗加工工序。

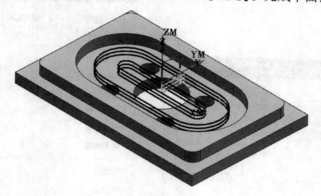

图 4-75　凹槽粗加工刀路

（66）凹槽精加工底面工序。在工序导航器中右击工序【PLANAR_MILL_1】，单击【复制】，在工序导航器中右击工序【PLANAR_MILL_1】，单击【粘贴】，如图 4-76 所示。

工序导航器 - 几何	
名称	刀轨
GEOMETRY	
🗀 未用项	
↳⊾ MCS_MILL	
└─ ⬡ WORKPIECE	
├─ 💡⊾ SPOT_DRILLING	✔
├─ 💡⊾ BREAKCHIP_DRI...	✔
├─ 💡╘ PLANAR_MILL	✔
├─ 💡╘ PLANAR_MILL_C...	✔
├─ 💡╘ PLANAR_MILL_C...	✔
├─ 💡╘ PLANAR_PROFILE	✔
├─ 💡╘ PLANAR_PROFIL...	✔
├─ 💡╘ PLANAR_MILL_1	✔
└─ ⊘╘ PLANAR_MILL_1...	✔

图 4-76　复制结果

（67）设置切削层。在工序导航器中双击工序【PLANAR_MILL_1_COPY】，弹出平面铣对话框，单击【切削层】，类型选择"恒定"每刀深切削度公共参数输入"0"，如图 4-77 所示，其他参数默认，单击【确定】。完成切削层设置。

（68）设置切削参数。单击【切削参数】，弹出切削参数对话框，单击【余量】选项卡，部件余量参数输入"0.35"，最终底面余量参数输入"0"，如图 4-78 所示。其他选项卡参数默认，单击【确认】。完成切削参数设置。

（69）设置进给率和速度。单击【进给率和速度】，主轴转速输入"3200"，进给率输入"2600"，单击【计算】，如图 4-79 所示，其他参数默认，单击【确定】，完成进给率和速度设置。

（70）生成刀轨。单击【生成】，如图 4-80 所示，单击【确定】。完成凹槽精加工底面工序。

图 4-77　切削层对话框

图 4-78　切削参数对话框

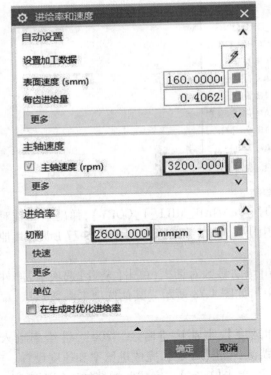

图 4-79　进给率和速度设置

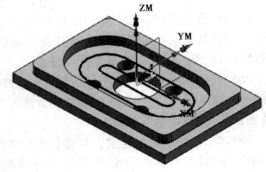

图 4-80　凹槽面精加工刀路

（71）凹槽壁精加工工序。在工序导航器中右击工序【PLANAR_MILL_1_COPY】,单击【复制】,在工序导航器中右击工序【PLANAR_MILL_1_COPY】,单击【粘贴】,如图 4-81 所示。

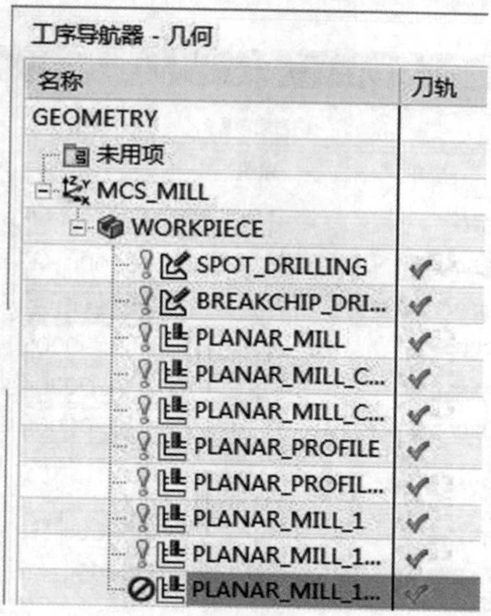

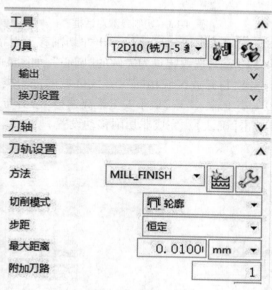

图 4-81 复制结果

（72）设置工具、刀轨设置。在工序导航器中双击工序【PLANAR_MILL_1COPY1】,弹出平面铣对话框,刀具选择"T2D10",刀轨设置的方法选择"MILL_FINNISH",步距选择"恒定",最大距离输入"0.01",附加刀路输入"1",如图 4-82 所示。其他参数默认。完成工具、刀轨设置。

图 4-82 刀具、刀轨设置

(73)设置切削参数。单击【切削参数】,弹出切削参数对话框,单击【余量】选项卡,部件余量输入"0",最终底面余量输入"0.01",如图 4-83 所示。其他选项卡默认,单击【确认】。完成切削参数设置。

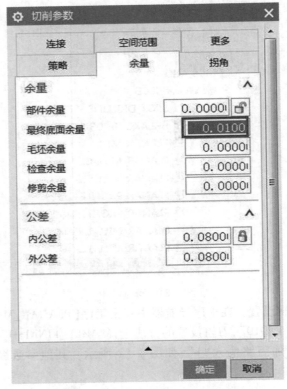

图 4-83　切削参数对话框

(74)设置非切削移动。单击【非切削移动】,弹出非切削移动对话框,单击【起点/钻点】选项卡,取消钻点,如图 4-84 所示,选取起点为大圆的"圆心",如图 4-85 所示,单击【进刀】选项卡,封闭区域进刀类型选择"与开放区域相同",开放区域的进刀类型选择"圆弧",半径输入"2",圆弧角度输入"90",高度输入"3",最小安全距离选择"修剪与延伸",最小安全距离输入"7",如图 4-86 所示。单击【确认】。完成非切削移动设置。

图 4-84　取消预钻点

图 4-85　非切削移动对话框设置起点

图 4-86　非切削移动对话框设置进刀

（75）生成刀轨。单击【生成】，如图 4-87 所示，单击【确定】。完成凹槽精加工壁工序。

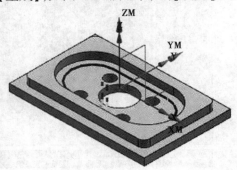

图 4-87　凹槽面精加工刀路

任务 4.3　VERICUT 仿真加工

（1）打开 VERICUT 软件，菜单栏单击【文件】→【新项目】，弹出【新的 VERICUT 项目】对话框，单击浏览新的项目文件名，弹出【选择项目文件】对话框，选择存放路径，单击【新文件夹】，弹出【新次级文件夹名】对话框，输入【4－1】，单击【确认】→【确认】，将【没有命名的_】改为【4－1】，单击【确认】，如图 4-88 所示。

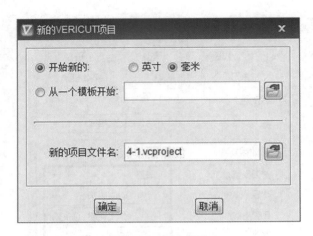

图 4-88　新建项目

（2）双击项目树的【控制】，再打开【控制系统】对话框中打开【素材】文件夹，打开【仿真素材】-【仿真系统】-【3axis. ctl】控制系统，双击项目树的【机床】，在打开机床对话框中选择【仿真机床】-【3axis. mch】文件，如图 4-89 所示。

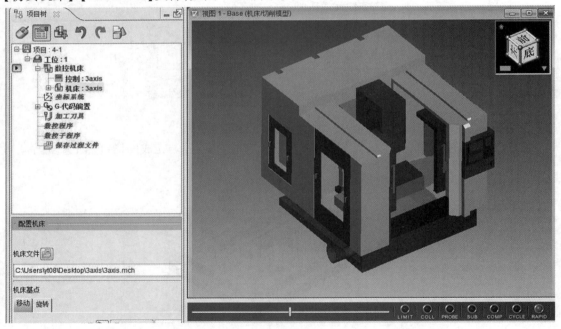

图 4-89　添加系统和机床文件

（3）添加台虎钳。右键单击附属下的【Fixture】→【添加模型】→【模型文件】，选择【3axis】文件夹内台虎钳【H. stl】到台虎钳【H1. stl】共 2 个文件，单击打开，如图 4-90 所示。

（4）添加毛坯。右键单击附属下的【Stock】→【添加模型】→【方块】，弹出打开对话框，输入长为"102"，宽为"74"，高为"13"，结果如图 4-91 所示。

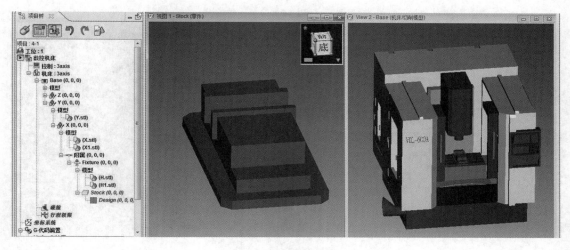

图 4-90　添加台虎钳

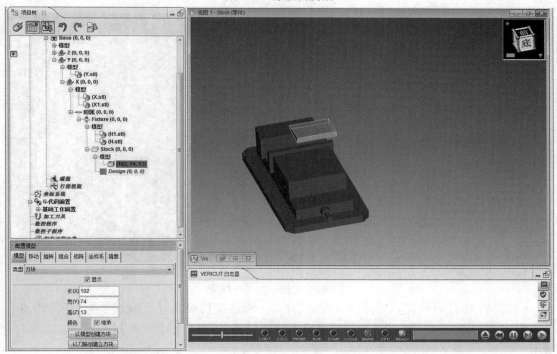

图 4-91　添加毛坯结果

（5）零件装夹。左键单击附属下的【Stock】→【模型】→（102,74,13），选择配置模型中的【组合】，将【位置】数值修改为【-50 -24 -5】；单击活动钳口【H1】模型，配置模型选择【组合】选项卡，【约束类型】第一栏为【配对】，单击【箭头】，通过鼠标单击需要配对的平面,如图4-92 所示。完成零件装夹。

（6）设置坐标系统。选择项目树的【坐标系统】,单击【添加新的坐标系】,选择 CSYS 选项卡,位置通过鼠标捕捉到毛坯上表面中心,值为（1 13 8），结果如图4-93 所示。

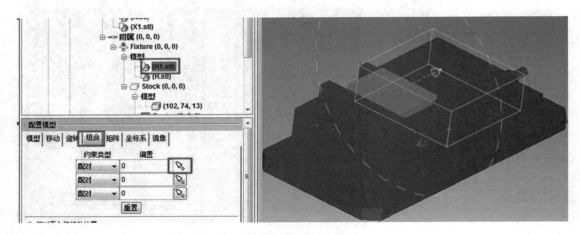

图 4-92　零件装夹

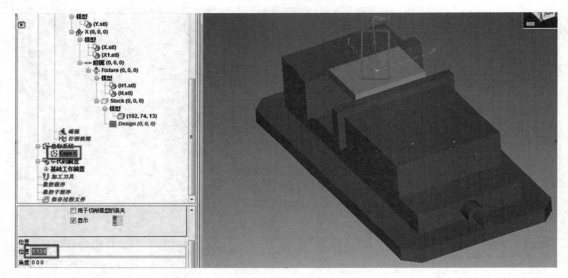

图 4-93　添加坐标系统结果

（7）设置 G-代码偏置。选择项目树的【G－代码偏置】,单击选择偏置名为【程序零点】,单击添加,进入配置程序零点,定位方式从【组件】【Tool】到【坐标原点】【Csys1】,如图 4-94所示。

（8）添加刀具。双击项目树的【加工刀具】,弹出刀具管理器对话框,选择工具条【打开文件】,打开【素材】文件夹,打开【仿真刀具】-【4-1-TOOL】,单击【打开】,如图 4-95 所示,后关闭窗口。

（9）后处理得到加工程序。在 UG 软件的工序导航器中选择几何视图,右键单击【WORKPIECE】文件,选择【后处理】,如图 4-96 所示,弹出后处理对话框。

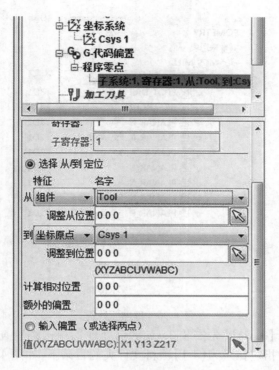

图 4-94 G 代码偏置设定

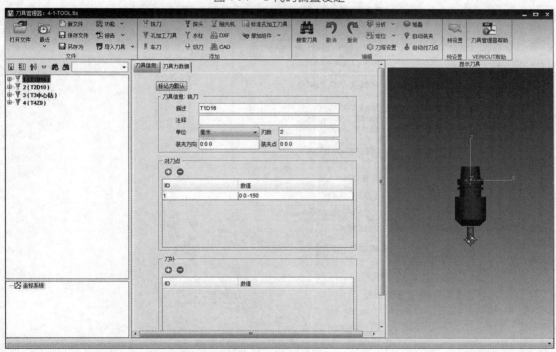

图 4-95 添加刀具

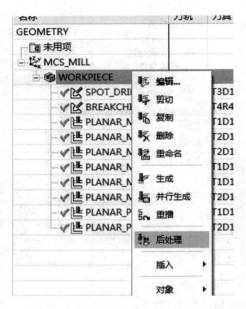

图 4-96　程序后处理

（10）后处理器选择【3axis】（先安装 3axis 的后处理），单击浏览查找输出文件，弹出指定 NC 输出对话框，将文件指定目录为【4-1】项目文件夹的目录下，如图 4-97 所示，单击【确认】，生成 G 代码文件，如图 4-98 所示。

图 4-97　后处理选择

```
%
N0010 G40 G54 G17 G49 G94 G80 G90
N0020 G91 G28 Z0.0
N0030 T03 M06
N0040 (T_NAME:T3D10 )
N0050 (T_D:10.0000000000000000 )
N0060 (T_L: 50.0000000000000000  )
N0070 G0 G90 X-17.5 Y9.5 A0.0 S2000 M03
N0080 G43 Z.5 H03
N0090 G82 Z-4. R.5 F100.
N0100 X17.5
N0110 Y-15.5
N0120 X-17.5
N0130 X0.0 Y0.0
N0140 G80
N0150 G91 G28 Z0.0
```

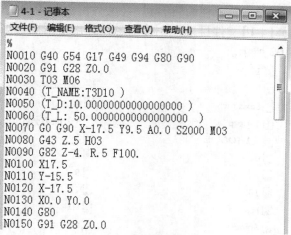

图 4-98　生成 NC 代码

(11)添加数控程序。单击项目树的【数控程序】,选择【添加数控程序文件】,选择【4-1. ptp】文件,单击【确认】,如图 4-99 所示。

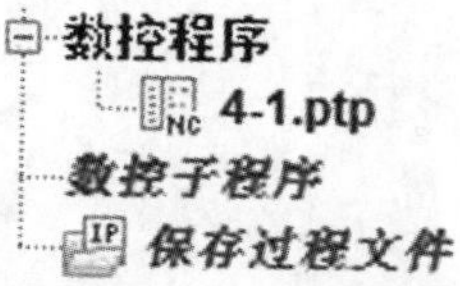

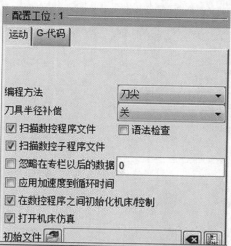

图 4-99　添加数控程序

图 4-100　编程方法选择

(12)单击项目树的【工位 1】,选择 G-代码选项卡的编程方法为【刀尖】,如图 4-100 所示,单击【重置所有】按钮,单击【仿真到末端】按钮,进行加工仿真,结果如图 4-101 所示。

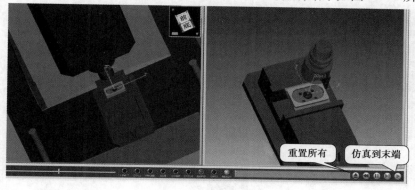

图 4-101　仿真结果

（13）保存项目文件。单击菜单栏的【信息】→【文件汇总】，弹出文件汇总对话框，单击左上角位置的【拷贝】，选择【4-1】文件目录，单击【确定】，弹出对话框，单击【所以全是】，关闭对话框，保存结果如图4-102所示。

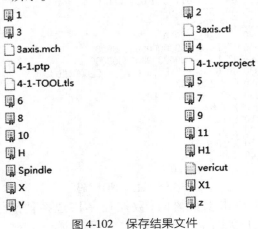

图4-102　保存结果文件

项目五

电极的数控编程与 VERICUT 仿真加工

【学习目标】

技能目标:能运用 UG NX 11.0 软件完成汽车轮毂模具电极零件的编程。

能运用 VERICUT 8.0 仿真软件对零件进行虚拟仿真加工。

能使用加工中心设备对零件进行切削加工。

知识目标:掌握刀路设置方法。

掌握型腔铣、剩余铣等三维加工工序生成。

掌握剩余铣编程技巧。

掌握固定轴轮廓铣曲面加工策略。

素质目标:激发学生自主学习兴趣,培养学生团队合作交流的意识和能力。

【项目导读】

汽车轮毂模具电极零件(碳公)由复杂的曲面构成,适用于高速加工中心对零件进行加工,本项目应用三轴加工工艺理念对零件进行编程、仿真和加工。

【任务描述】

学生以企业制造部门 NC 数控程序员的身份进入 UG NX 11.0 CAM 功能模块,根据汽车轮毂模具电极零件特征,制订合理的工艺路线,创建粗加工、半精加工、精加工的操作,设置必要的加工参数,生成刀具路径,通过相应的后处理生成 G 代码,在 VERICUT 8.0 仿真软件进行虚拟仿真加工,解决存在的问题和不足,并对操作过程中存在的问题进行研讨和交流,并运用加工中心对零件进行切削加工。

【工作任务】

按照零件加工要求,制订汽车轮毂模具电极零件的加工工艺;编制汽车轮毂模具电极零件的加工程序;完成汽车轮毂模具电极零件仿真加工;确认数控程序正确无误后,在数控雕铣机床上完成零件加工。

任务 5.1　制订加工工艺

1. 汽车轮毂模具电极零件分析

汽车轮毂模具电极零件曲面复杂,部分特征较小,需进行多次剩余铣操作,保证零件余量均匀再进行半精加工及精加工。

2. 毛坯选用

零件材料为石墨。根据零件特征制订合理毛坯。

3. 制订数控加工工序卡

零件选用数控雕铣机床加工,台虎钳装夹,根据先粗后精的加工原则,制订数控加工工序卡如表 5-1 所示。

表 5-1　数控加工工序卡

零件名称		电极	零件图		5-1	夹具名称		台虎钳
设备名称及型号		数控雕铣机						
材料名称及牌号		石墨		工序名称		高速数控加工		
工步内容	切削参数			刀具				
	主轴转速	进给速度	编号	名称				
粗加工	2500	3000	T1	D16R0.8				
剩余铣	6000	2500	T2	D6R3				
区域铣削	6000	2500	T2	D6R3				
剩余铣	7000	2000	T3	D4R2				
区域铣削	7000	2000	T3	D4R2				
曲面精加工	8000	3000	T3	D4R2				
清根	12000	3000	T4	D2R1	××职业技术学院			

任务 5.2　编制加工程序

(1)导入零件。UG 打开【5-1. prt】文件,进入建模模块界面,如图 5-1 所示。

图 5-1　打开文件

（2）进入加工模块。单击【应用模块】-【制造】-【加工】，如图 5-2 所示，弹出【加工环境】对话框，CAM 会话配置选择【cam_general】；要创建的 CAM 组装选择【mill_planar】，然后单击【确定】，如图 5-3 所示，进入加工模块。

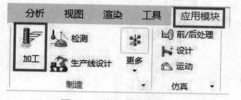

图 5-2　进入加工模块

图 5-3　加工环境对话框

（3）创建加工坐标系。在工序导航器的空白处单击右键，选择【几何视图】，双击【MCS_MILL】，弹出【MCS 铣削】对话框，单击【指定 MCS】，如图 5-4 所示，弹出【CSYS】对话框，指定MCS 为电极零件底面中心，单击【确定】，如图 5-5 所示。单击【确定】，完成加工坐标创建。

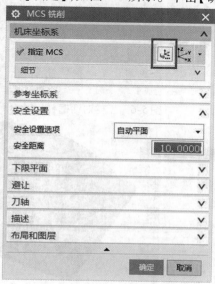

图 5-4　MCS 铣削选项卡

111

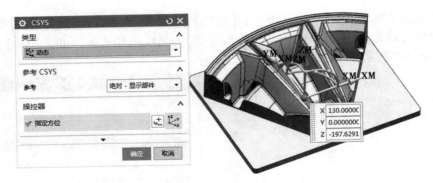

图 5-5　加工坐标创建

　　（4）创建加工几何体。双击工序导航器中【MCS_MILL】下的【WORKPIECE】，弹出【工件】对话框，如图5-6所示。单击【指定部件】，弹出【部件几何体】对话框，选择电极零件，如图5-7所示。单击【确定】，回到【工件】对话框，单击【指定毛坯】，弹出【毛坯几何体】对话框，类型选择【包容块】，单击【确定】，如图5-8所示。完成工件设置。

图 5-6　工件对话框

图 5-7　创建部件几何体

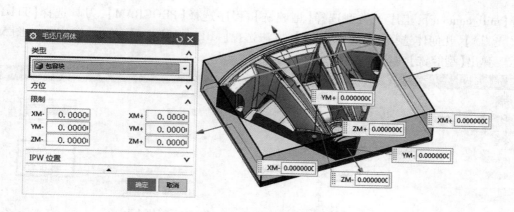

图 5-8　创建毛坯几何体

(5)设置铣削粗加工方法。在工序导航器的空白处单击右键,选择【加工方法视图】,如图 5-9 所示。转到【工序导航器-加工方法】视图,如图 5-10 所示。左键双击打开【MILL_ROUGH】,弹出【铣削粗加工】对话框,部件余量输入为"0.35",内外公差为"0.01",单击【确定】,如图 5-11 所示,完成铣削粗加工设置。

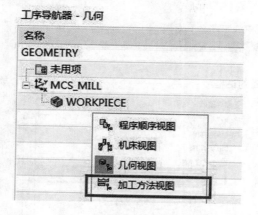

图 5-9　进入加工方法视图

图 5-10　工序导航器-加工方法视图

(6)设置铣削精加工方法。同理,双击打开【MILL_FINISH】,弹出铣削精加工对话框,铣削精加工部件余量输入为"0",内外公差输入为"0.007",如图 5-12 所示。完成铣削精加工设置。

(7)创建型腔铣粗加工工序。在加工操作导航器空白处单击右键,选择【几何视图】,右键单击【WORKPIECE】,单击【插入】-【工序】,如图 5-13 所示。弹出【创建工序】对话框,类型选择【mill_contour】,工序子类型选择【型腔铣】,程序选择【PROGRAM】,刀具选择【T1D16R 0.8(飞刀)】,几何体选择【WORKPIECE】,方法选择【MILL_ROUGH】,单击【确定】,如图 5-14 所示。弹出【型腔铣】对话框,如图 5-15 所示。

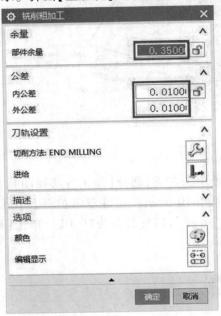

图 5-11　铣削粗加工对话框　　　　　　　　　　　图 5-12　铣削精加工方法对话框

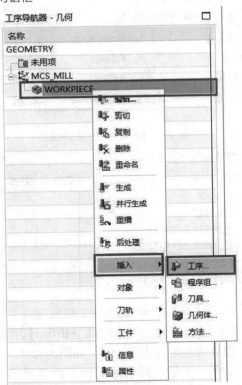

图 5-13　插入工序

图 5-14　创建工序

图 5-15　型腔铣对话框

（8）刀轨设置。切削模式选择【跟随部件】，步距选择【% 刀具平直】，平面直径百分比输入"75"，公共每刀切削深度选择【恒定】，最大距离输入为"1.5"，如图 5-16 所示。

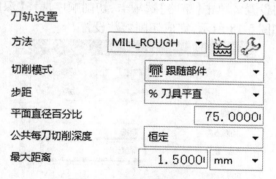

图 5-16　刀轨设置选项卡

（9）切削参数连接设置。单击【切削参数】，弹出【切削参数】对话框，单击【连接】选项卡，开放刀路选择【变换切削方向】，最大移刀距离输入为"200"，单击【确定】，如图 5-17 所示。

相关知识

1. 跟随检查几何体：选中该复选框，刀具将不抬刀绕开"检查几何体"进行切削，否则刀具将使用传递方式进行切削。

2. 短距离移动上的进给：只有选择变换切削反向选项后，此复选框才可用，选中该复选框时，最大移刀距离文本框可用，在文本框中设置变换切削方向时的最大移刀距离。

3.开放刀路:用于创建在"跟随部件"切削模式中开放形式部位的刀路类型。

保持切削方向:在切削过程中,保持切削方向不变。

变换切削方向:在切削过程中,切削方向根据最大移刀距离参数变换。

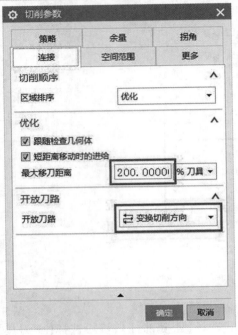

图 5-17　连接选项卡

（10）切削参数策略设置。单击【策略】选项卡,切削顺序选择【深度优先】,其他选项卡参数默认,单击【确定】,如图 5-18 所示,完成切削参数设置。

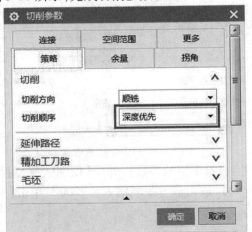

图 5-18　策略选项卡

相关知识

1.层优先:将全部切削区域中的同一高度切削完成后,再进行下一个切削层进行切削。

2.深度优先:切削完工件上某个区域的所有切削层后,再进行下一个切削区域进行切削。

（11）非切削移动参数设置。单击【非切削移动】，弹出【非切削移动】对话框，选择【进刀】选项卡，在封闭区域进刀类型选择【沿形状斜进刀】，【斜坡角】输入为"3"，【高度】输入为"0. 2"，高度起点选择【前一层】，其他选项卡参数默认，单击【确定】，如图 5-19 所示。完成非切削移动参数设置。

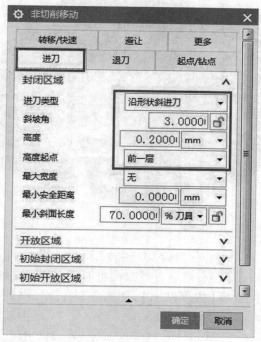

图 5-19　进刀选项卡

（12）进给率和速度设置。单击【进给率和速度】，弹出【进给率和速度】对话框，设置主轴转速为"2500"，切削速度为"3000"，单击【确定】，如图 5-20 所示。完成进给率和速度设置。

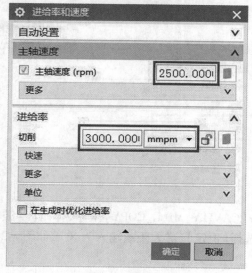

图 5-20　进给率和速度对话框

（13）生成刀轨。单击【生成】，如图5-21所示，单击【确定】。完成型腔铣粗加工工序。

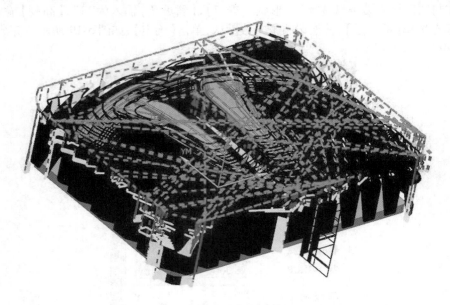

图5-21　生成刀轨

（14）创建底面精加工工序。右键单击型腔铣粗加工工序，选择【复制】，如图5-22所示；右键单击【WORKPIECE】，选择【内部粘贴】，如图5-23所示，得到【CAVITY_MILL_COPY】工序。

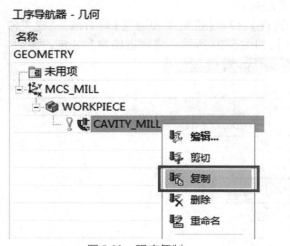

图5-22　程序复制

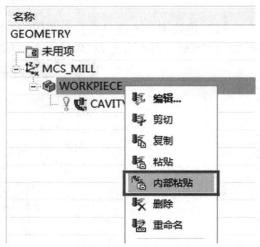

图5-23　程序粘贴

（15）刀轨设置。双击【CAVITY_MILL_COPY】工序，弹出【型腔铣】对话框。选择刀轨设置，公共每刀切削深度中选择【恒定】，最大距离输入为"0"，如图5-24所示。

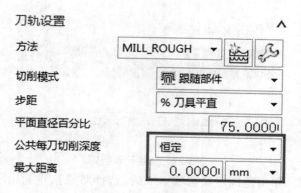

图 5-24　公共每刀切削深度设置

（16）设置切削层。单击【切削层】，弹出【切削层】对话框，单击【列表】，如图 5-25 所示，将范围定义选项卡【列表】里的元素全部删除，如图 5-26 所示。删除元素后，结果如图 5-27 所示。

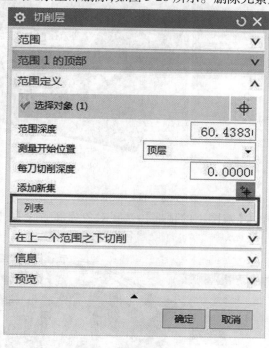

图 5-25　切削层对话框

图 5-26　删除元素

图 5-27　删除元素结果

（17）设置切削层。单击范围定义选项卡中的【选择对象】，重新拾取岛屿底面，如图 5-28 所示。

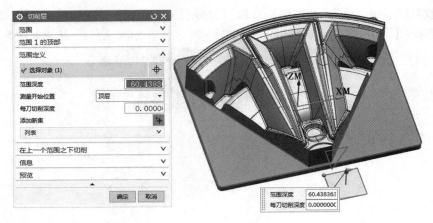

图 5-28　选取范围深度

（18）设置切削层。单击【范围 1 的顶部】，选择对象为岛屿底面，如图 5-29 所示，单击【确定】。完成切削层设置。

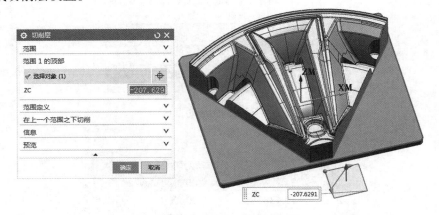

图 5-29　选取范围顶部

（19）切削参数设置。单击【切削参数】，弹出【切削参数】对话框，单击【余量】选项卡，去除【使底面余量与侧面余量一致】的勾号，单击【确定】，如图 5-30 所示。

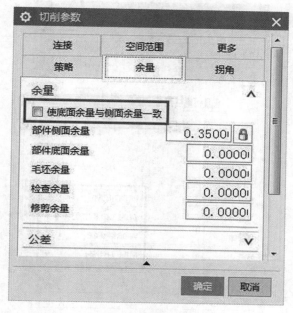

图5-30 余量选项卡

(20)生成刀轨。单击【生成】,如图5-31所示,单击【确定】。完成型腔铣底面精加工工序。

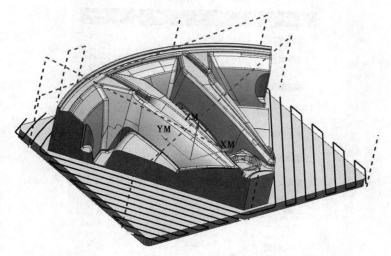

图5-31 生成刀轨

(21)创建平面轮廓铣精加工工序。在加工操作导航器空白处,单击【右键】,选择【程序视图】,单击菜单条【插入】-【工序】,弹出【创建工序】对话框。类型选择【mill_planar】,工序子类型选择【平面轮廓铣】,程序选择【PROGRAM】,刀具选择【T1D16R0.8(铣刀)】,几何体选择【WORKPIECE】,方法选择【MILL_FINISH】,单击【确定】,如图5-32所示,弹出【平面轮廓铣】对话框,如图5-33所示。

图 5-32 创建工序

图 5-33 平面轮廓铣对话框

（22）指定部件边界。单击【指定部件边界】，弹出【边界几何体】对话框，【模式】选择【曲线/边】，如图 5-34 所示；弹出【创建边界】对话框，平面选择【用户定义】，如图 5-35 所示，弹出【平面】对话框，类型选择【自动判断】，拾取岛屿零件底面，Z 轴正向偏置输入为"60"，单击【确定】，如图 5-36 所示；拾取岛屿轮廓曲线，单击【确定】，如图 5-37 所示。完成部件边界选择。

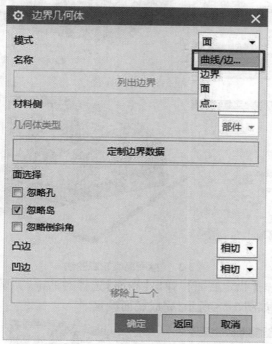

图 5-34　选择曲线/边

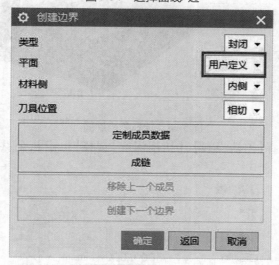

图 5-35　选择用户定义

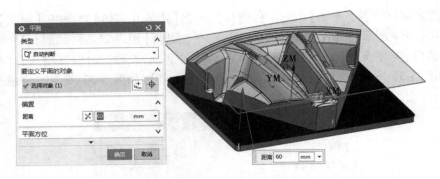

图 5-36　拾取平面

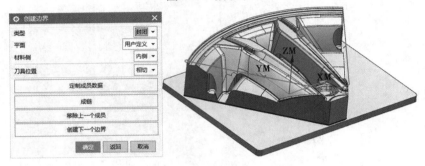

图 5-37　拾取岛屿轮廓曲线

（23）指定底面。单击【指定底面】，弹出【平面】选择对话框，类型选择【自动判断】，拾取岛屿底面，单击【确定】，如图 5-38 所示，完成底面设置。

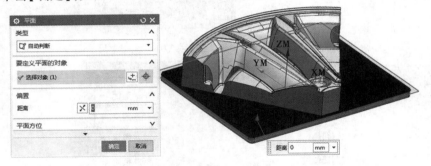

图 5-38　拾取岛屿底面

（24）刀轨设置。选择【刀轨设置】，【切削深度】选择【恒定】，公共输入为"0.5"，如图 5-39 所示。

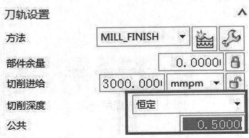

图 5-39　切削深度设置

（25）进给率和速度设置。单击【进给率和速度】，弹出【进给率和速度】对话框，主轴转速输入"2500"，切削速度输入"3000"。设置完成后，单击【确定】，完成进给率和速度设置，单击生成刀轨，如图 5-40 所示，单击【确定】，完成轮廓精加工工序。

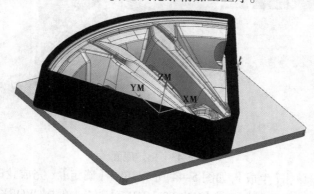

图 5-40　生成刀轨

（26）创建底面轮廓铣工序。右键单击上一步工序，选择【复制】，右键单击【WORKPIECE】，选择【内部粘贴】，得到【PLANAR_PROFILE_COPY】。双击【PLANAR_PROFILE_COPY】，单击【指定部件边界】，弹出【编辑边界】对话框，单击【全部重选】，确定移除所有选定的几何体，如图5-41所示，拾取岛屿底面，单击【确定】，如图 5-42 所示，完成部件边界创建。

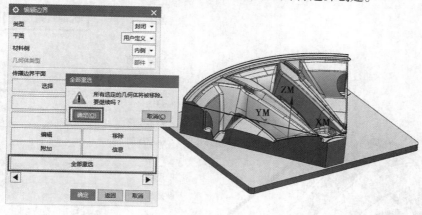

图 5-41　移除所有选定的几何体

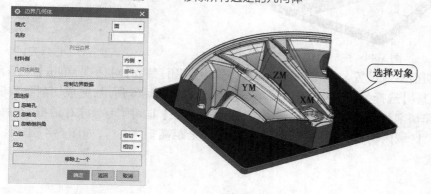

图 5-42　拾取岛屿底面

125

（27）指定底面。单击【指定底面】，弹出【平面】选择对话框，类型选择为【按某一距离】，拾取零件底面，单击【确定】，如图 5-43 所示，完成底面设置。

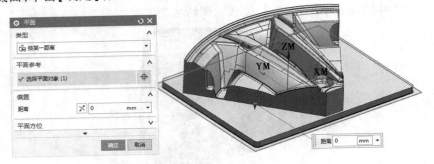

图 5-43　指定底面

（28）生成刀轨。单击【生成】，如图 5-44 所示，单击【确定】。完成轮廓精加工工序。

（29）创建剩余铣工序。复制工序【CAVITY_MILL】，右键单击【WORKPIECE】，选择【内部粘贴】，得到【CAVITY_MILL_COPY_1】。双击【CAVITY_MILL_COPY_1】，弹出【型腔铣】对话框，选择【工具】，刀具选择【T2D6R3】，如图 5-45 所示。

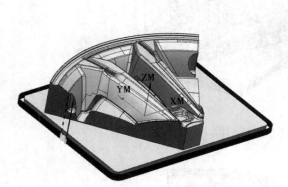

图 5-44　生成刀轨

图 5-45　选择刀具

（30）切削参数设置。单击【切削参数】，弹出【切削参数】对话框，单击【空间范围】选项卡，【参考刀具】选择为【T1D16R0.8】，单击【确定】，如图 5-46 所示，完成切削参数设置。

（31）非切削移动设置。单击【非切削移动】，弹出【非切削移动】对话框，选择【转移/快速】选项卡，区域内转移类型选择【前一平面】，安全距离输入"3"，如图 5-47 所示，完成非切削移动设置。

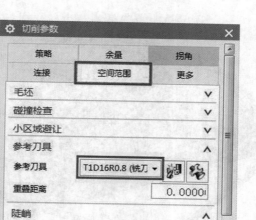

图 5-46　空间范围选项卡

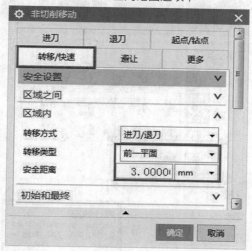

图 5-47　非切削移动选项卡

（32）进给率和速度设置,生成刀轨。单击【进给率和速度】,弹出进给率和速度对话框,主轴转速输入"6000",切削速度输入"2500"。设置完成后,单击【确定】,完成进给率和速度设置,单击生成刀轨,如图 5-48 所示,单击【确定】,完成剩余铣二次开粗工序。

（33）创建固定轮廓铣工序,选择【程序视图】,单击菜单条【插入】→【工序】,弹出【创建工序】对话框。类型选择【mill_conrour】,工序子类型选择【固定轮廓铣】,程序选择【PROGRAM】,刀具选择【T2D6R3】,几何体选择【WORKPIECE】,方法选择【MILL_ROUGH】,单击【确定】,如图 5-49 所示。弹出【固定轮廓铣】对话框,如图 5-50 所示。

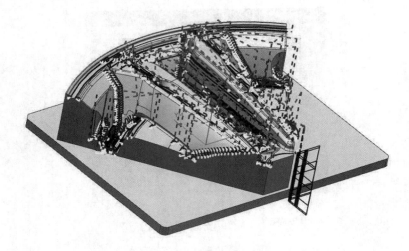

图 5-48　生成刀轨

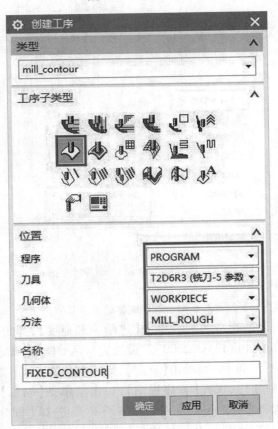

图 5-49　创建工序

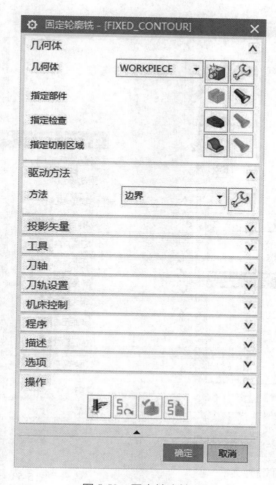

图 5-50　固定轮廓铣

（34）指定切削区域。单击【指定切削区域】，弹出【切削区域】对话框，拾取零件表面曲面特征，单击【确定】，如图 5-51 所示，完成切削区域选择。

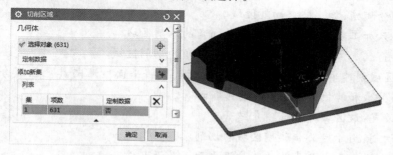

图 5-51　指定切削区域

（35）驱动方法设置。选择【驱动方法】，方法选择【区域铣削】，如图 5-52 所示，弹出【区域铣削驱动方法】对话框，驱动设置选项卡里的非陡峭切削模式选择【跟随周边】，刀路方向选择【向内】，切削方向选择【顺铣】，步距选择【恒定】，最大距离输入"1"，步距已应用选择【在平面上】，单击【确定】，如图 5-53 所示。

图 5-52　固定轮廓铣对话框

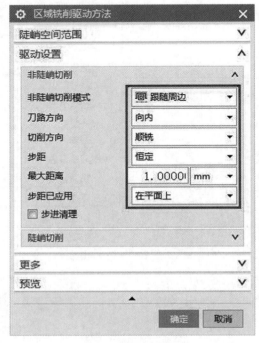

图 5-53　驱动设计选项卡

相关知识

①陡峭空间范围：用来指定陡峭的范围。

无：不区分陡峭，加工整个切削区域。

非陡峭：只加工部件表面角度小于陡峭角的切削区域。

定向陡峭：只加工部件表面角度大于陡峭角的切削区域。

为平的区域创建单独的区域：勾选该复选框，则将平面区域与其他区域分开来进行加工，否则平面区域和其他区域混在一起进行计算。

②驱动设置：该区域部分选项介绍如下。

非陡峭切削：用于定义非陡峭区域的切削参数。

步距已应用：用于定义步距的测量沿平面还是沿部件。

在平面上：沿垂直于刀轴的平面测量步距，适合非陡峭区域。

在部件上：沿部件表面测量步距，适合陡峭区域。

③陡峭切削：用于定义陡峭区域的切削参数。各参数含义可参考其他工序。

（36）切削参数设置。单击【切削参数】，弹出【切削参数】对话框，单击【余量】选项卡，部件余量输入"0.2"，如图 5-54 所示，完成切削参数设置。

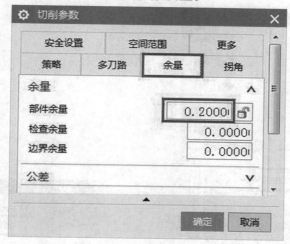

图 5-54　余量选项卡

（37）进给率和速度设置，生成刀轨。单击【进给率和速度】，弹出【进给率和速度】对话框，设置主轴转速输入"6000"，切削速度输入"2500"。设置完成后，单击【确定】，完成进给率和速度设置，单击生成刀轨，如图 5-55 所示，单击【确定】，完成固定轴轮廓铣区域铣削工序。

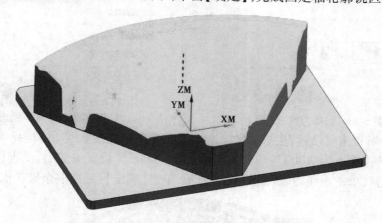

图 5-55　生成刀轨

（38）创建剩余铣工序，复制【CAVITY_MILL_COPY_1】工序，在【PROGRAM】文件夹内部粘贴，得到【CAVITY_MILL_COPY_1_COPY】。双击【CAVITY_MILL_COPY_1_COPY】，弹出【型腔铣】对话框，选择【工具】，刀具选择为【T3D4R2】，如图 5-56 所示。

（39）切削参数设置。单击【切削参数】，弹出【切削参数】对话框，单击【空间范围】选项卡，参考刀具选择为【T2D6R3】，单击【确定】，如图 5-57 所示，完成切削参数设置。

图 5-56　选择刀具　　　　　　　图 5-57　空间范围选项卡

（40）进给率和速度设置,生成刀轨。单击【进给率和速度】,弹出【进给率和速度】对话框,设置主轴转速输入为"7000",切削速度输入为"2000"。设置完成后,单击【确定】,完成进给率和速度设置,单击生成刀轨,如图 5-58 所示,单击【确定】,完成剩余铣 3 次开粗工序。

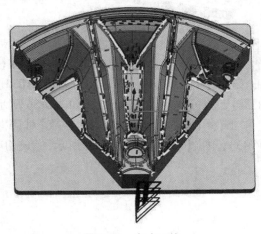

图 5-58　生成刀轨

（41）创建固定轮廓铣工序。复制【FIXED_CONTOUR】,在【PROGRAM】文件夹里内部粘贴,得到【FIXED_CONTOUR_COPY】。双击【FIXED_CONTOUR_COPY】,弹出【固定轮廓铣】对话框,选择【驱动方法】,单击方法里的【编辑】,如图5-59所示,弹出【区域铣削驱动方法】对话框,【最大距离】输入"0.5",如图5-60所示。

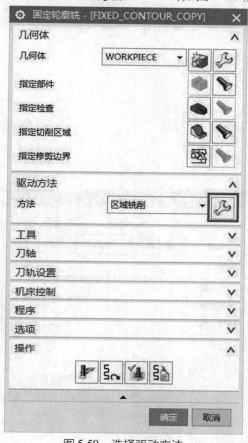

图 5-59　选择驱动方法

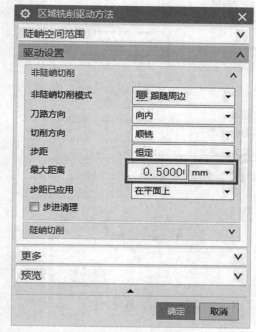

图 5-60　驱动设置选项卡

（42）指定刀具。选择【工具】,刀具选择为【T3D4R2】,如图5-61所示,完成刀具选择。

（43）切削参数设置。单击【切削参数】,弹出【切削参数】对话框,单击【余量】选项卡,【部件余量】输入"0.1",单击【确定】,如图5-62所示,完成切削参数设置。

（44）生成刀轨。单击【生成】,如图5-63所示,单击【确定】。完成固定轴轮廓铣区域铣削加工工序。

（45）创建深度加工轮廓精加工工序。在加工操作导航器空白处,单击右键,选择【程序视图】,单击菜单条【插入】-【工序】,弹出【创建工序】对话框。类型选择为【mill_contour】,工序子类型选择为【深度加工轮廓】,程序选择为【PROGRAM】,刀具选择为【T3D4R2】,几何体选择为【WORKPIECE】,方法选择为【MILL_FINISH】,如图5-64所示,单击【确定】,弹出【深度加工轮廓】对话框,如图5-65所示。

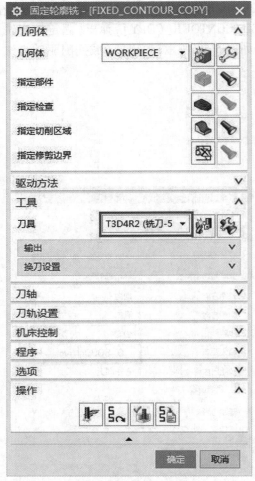

图 5-61　选择刀具

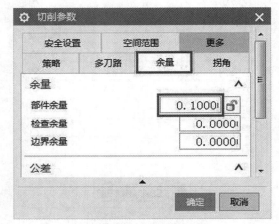

图 5-62　余量选项卡

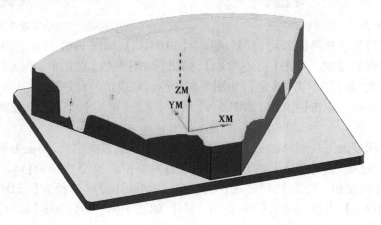

图 5-63　生成刀轨

图 5-64　创建工序

图 5-65　深度轮廓加工对话框

（46）指定切削区域设置。单击【指定切削区域】，弹出【切削区域】对话框，拾取零件表面曲面特征（曲面选择电极放电加工接触面，避空面不选择，提高加工效率），单击【确定】，如图5-66 所示，完成切削区域创建。

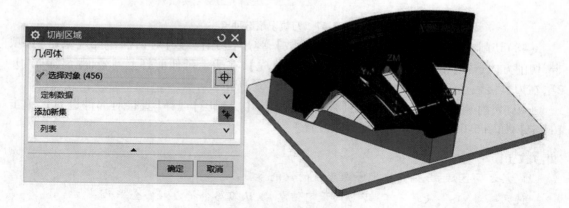

图 5-66　选取切削区域

（47）刀轨设置。选择【刀轨设置】，陡峭空间范围选择【仅陡峭】，角度输入"20"，合并距离输入"3"，最小切削长度输入"1"，公共每刀切削深度选择【恒定】，最大距离输入"0.2"，如图 5-67 所示，完成刀轨设置。

图 5-67 刀轨设置选项卡

（48）切削参数策略设置。单击【切削参数】，弹出【切削参数】对话框，单击【策略】选项卡，切削方向选择【混合】，切削顺序选择【深度优先】，在边上延伸前打上勾号，距离输入"0.2"，在刀具接触点下继续切削前打上勾号，如图 5-68 所示。

（49）切削参数连接设置。单击【连接】选项卡，【层到层】选择【直接对部件进刀】，单击【确定】，如图 5-69 所示，完成切削参数设置。

相关知识

1. 层之间区域：专门用在定于深度铣的切削参数。

使用转移方法：使用进刀/退刀的设定信息，默认刀路会抬刀到安全平面。

直接对部件进刀：将以跟随部件的方式来定位移动刀具。

沿部件斜进刀：将以跟随部件的方式，从一个切削层到下一个切削层，需要指定斜坡角，此时刀路较完整。

沿部件交叉斜进刀：与沿部件斜进刀类似，不同的是在斜进刀位置沿设定角度螺旋。

2. 层间切削：可在深度铣中的切削层间存在间隙时创建额外的切削，消除在标准层到层加工操作中留在浅平面区域中的非常大的残余高度。

图 5-68　策略选项卡

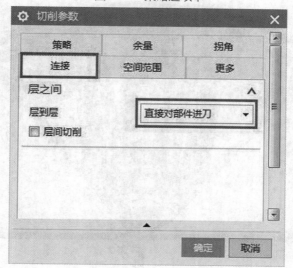

图 5-69　连接选项卡

（50）非切削移动设置。单击【非切削移动】，弹出【非切削移动】对话框，选择【进刀】选项卡，封闭区域进刀类型选择【插削】，高度输入为"0.5"，高度起点选择【前一层】，开放区域进刀类型选择【无】，单击【确定】，如图 5-70 所示，完成非切削移动设置。

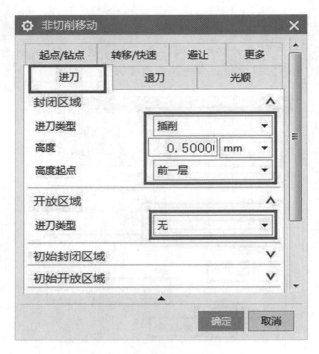

图 5-70　进刀选项卡

（51）进给率和速度设置，生成刀轨。单击【进给率和速度】，弹出【进给率和速度】对话框，设置主轴转速输入"8000"，切削速度输入"3 000"。设置完成后，单击【确定】，完成进给率和速度设置，单击生成刀轨，如图 5-71 所示，单击【确定】，完成陡峭面精加工工序。

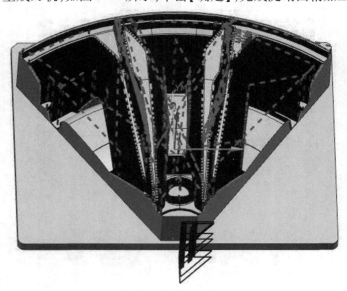

图 5-71　生成刀轨

（52）创建固定轮廓铣精加工工序。在加工操作导航器空白处，右键选择【程序视图】，单击菜单条【插入】→【工序】，弹出【创建工序】对话框。类型选择【mill_contour】，工序子类型【固定轮廓铣】，程序选择【PROGRAM】，刀具选择【T3D4R2】，几何体选择【WORKPIECE】，方法选择为【MILL_FINISH】,如图 5-72 所示,单击【确定】,弹出【固定轮廓铣】对话框。

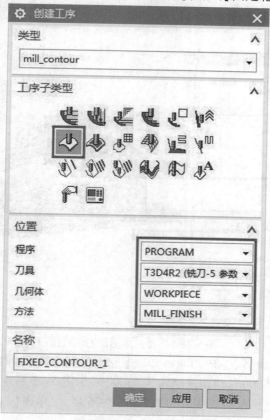

图 5-72　创建固定轮廓铣

（53）指定切削区域。单击【指定切削区域】,弹出【切削区域】对话框,拾取零件表面特征,如图 5-73 所示,单击【确定】,完成切削区域创建。

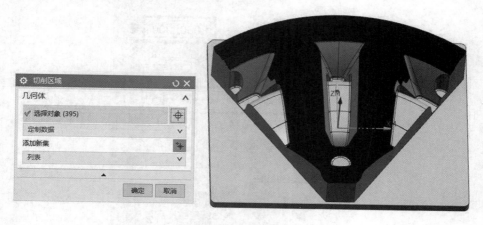

图 5-73　选区切削区域

（54）驱动方法设置。选择驱动方法,选择【区域铣削】,弹出【区域铣削驱动方法】对话框,陡峭空间范围选项里的方法选择【非陡峭】,陡角输入"52",驱动设置里的非陡峭切削模式选择【同心往复】，刀路中心选择【指定】，指定点拾取最大圆弧圆心，刀路方向选择【向内】，切削方向选择【顺铣】，步距选择【恒定】，最大距离输入为"0.2"，单击【确定】，如图5-74所示，完成驱动方法设置。

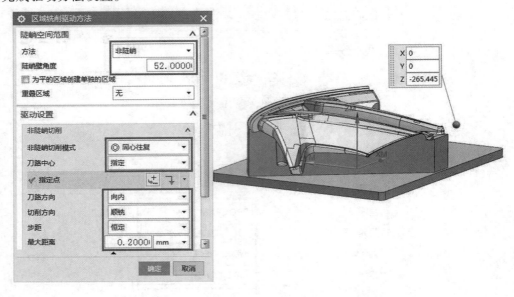

图5-74 区域铣削驱动方法设置

（55）进给率和速度设置，生成刀轨。单击【进给率和速度】，弹出【进给率和速度】对话框，设置主轴速度输入"8000"，切削速度输入"3000"，如图5-75所示。设置完成后，单击【确定】，完成进给率和速度设置，单击生成刀轨，如图5-76所示，单击【确定】，完成非陡峭面精加工工序。

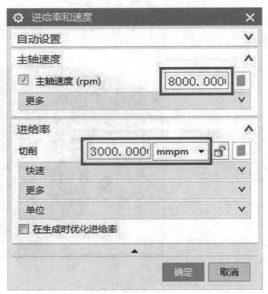

图5-75 设置进给率和速度

（56）创建固定轮廓铣精加工工序。复制上一步工序【FIXED_CONTOUR_1】，右键

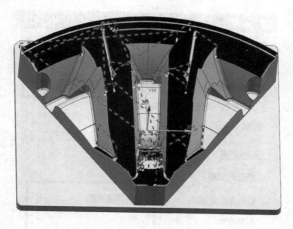

图 5-76　生成刀轨

【PROGRAM】文件夹内部粘贴,得到【FIXED_CONTOUR_1_COPY】。双击【FIXED_CONTOUR_1_COPY】,弹出【固定轴轮廓铣】对话框,单击【指定切削区域】,弹出【切削区域】对话框,拾取零件小平面特征,单击【确定】,如图 5-77 所示。

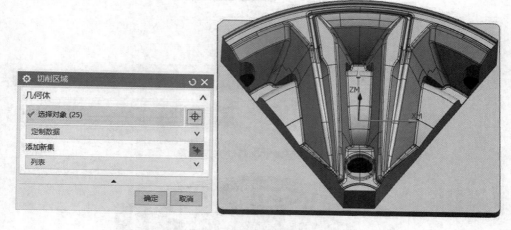

图 5-77　选择切削区域

(57)驱动方法设置。单击驱动方法下的【编辑】,弹出【区域铣削驱动方法】对话框,驱动设置里的非陡峭切削模式选择【跟随周边】,刀路方向选择【向内】,切削方向选择【顺铣】,步距选择【恒定】,最大距离输入"0.2",步距已应用选择为【在平面上】,单击【确定】,如图 5-78 所示,完成驱动方法设置。

(58)生成刀轨。单击【生成】,如图 5-79 所示,单击【确定】。完成固定轴轮廓铣精加工工序。

(59)创建清根工序。在加工操作导航器空白处,右键单击选择【程序视图】,单击菜单条【插入】-【工序】,弹出【创建工序】对话框。类型选择【mill_contour】,工序子类型选择【固定轮廓铣】,程序选择【PROGRAM】,刀具选择【T4D2R1】,几何体选择【WORKPIECE】,方法选择【MILL_FINISH】,如图 5-80 所示,单击【确定】,弹出【固定轮廓铣】对话框。

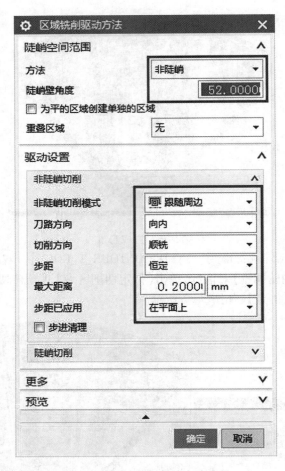

图 5-78　区域铣削驱动方法设置

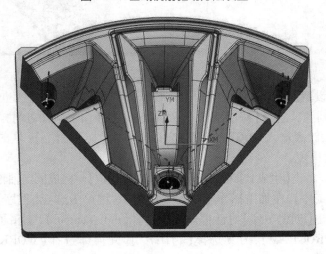

图 5-79　生成刀轨

（60）指定切削区域。单击【指定切削区域】，弹出【切削区域】对话框，拾取零件小圆角特征，如图 5-81 所示，单击【确定】，完成切削区域创建。

图 5-80　创建工序

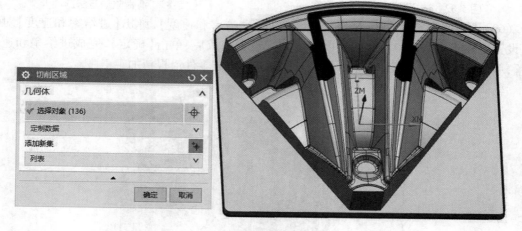

图 5-81　切削区域创建

　　(61)驱动方法设置。驱动方法选择【清根】,如图 5-82 所示,弹出【清根驱动方法】对话框,驱动设置下的清根类型选择【参考刀具偏置】,陡峭空间范围下的陡角壁角度输入"65",非陡峭切削模式选择【往复】,切削方向选择【混合】,步距输入"0.1",顺序选择【由外向内交替】,陡峭切削模式选择【同非陡峭】,参考刀具选择【T2D6R3】,重叠距离输入"0",单击【确定】,如图 5-83 所示。

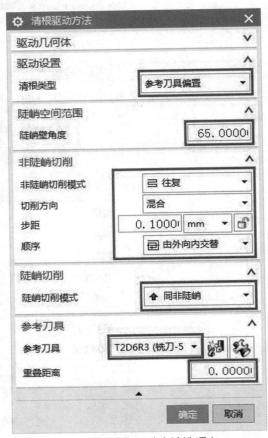

图 5-82　选择清根驱动方法　　　　图 5-83　清根驱动方法选项卡

（62）进给率和速度设置，生成刀轨。单击【进给率和速度】，弹出【进给率和速度】对话框，设置主轴转速"12000"，切削速度"3000"。设置完成后，单击【确定】，完成进给率和速度设置，单击生成刀轨，如图 5-84 所示，单击【确定】，完成零件清根精加工工序。

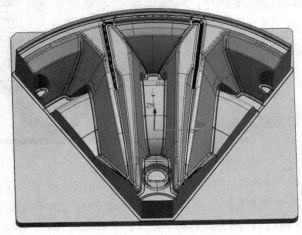

图 5-84　生成刀轨

任务 5.3　VERICUT 仿真加工

（1）打开 VERICUT 软件，在菜单栏中单击【文件】-【新项目】，弹出【新的 VERICUT 项目】对话框，单击浏览新的项目文件名，弹出【选择项目文件】对话框，选择存放路径，单击【新文件夹】，弹出【新次级文件夹名】对话框，输入【5-1】，单击【确认】-【确认】，将【没有命名的_】改为【5-1】，单击【确认】，如图 5-85 所示。

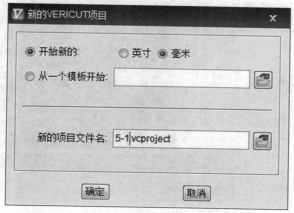

图 5-85　新建项目

（2）双击项目树的【控制】，弹出【打开控制系统】对话框，打开【素材】文件夹，再打开【仿真素材】文件夹，选择【仿真系统】中的【3axis.ctl】控制系统。双击项目树的【机床】，弹出【打开机床】对话框，选择【仿真机床】文件夹中的【3axis.mch】文件，如图 5-86 所示。

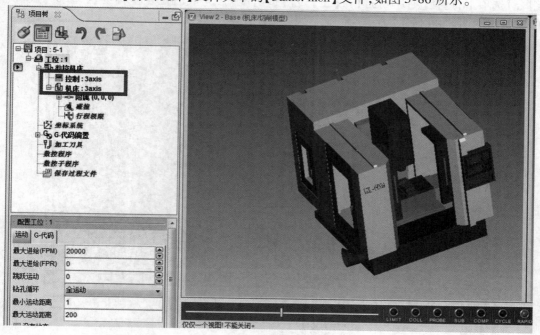

图 5-86　添加系统和机床文件

（3）添加毛坯。右键单击附属下的【Stock】-【添加模型】-【方块】，弹出打开对话框，输入长"293"、宽"228"、高"70.5"，结果如图 5-87 所示。

图 5-87　添加毛坯结果

（4）零件定位。左键单击附属下的【Stock】-【模型】-（293,228,70.5），选择配置模型中的【组合】选项卡，选择【毛坯底面】与【工作台】进行配对，完成后位置坐标为【－150　－150　－110】，结果如图 5-88 所示。

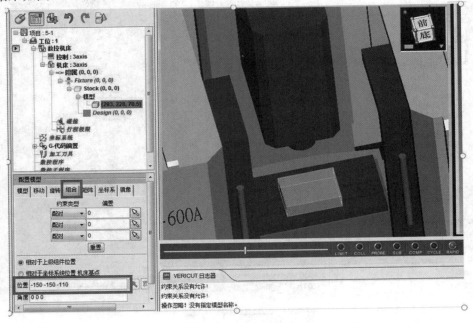

图 5-88　零件定位

（5）设置坐标系统。选择项目树的【坐标系统】，单击【添加新的坐标系】，选择 CSYS 选项卡，单击位置选择，鼠标捕捉单击毛坯底面中心，创建坐标系，完成后位置坐标为【－3.5　－36　－110】，结果如图 5-89 所示。

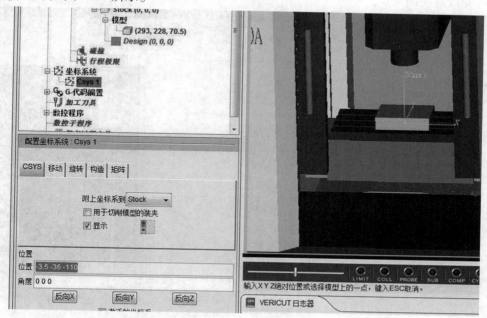

图 5-89　添加坐标系统结果

（6）设置 G-代码偏置。选择项目树的【G-代码偏置】，单击选择偏置名为【程序零点】，单击【添加】，进入配置程序零点，定位方式从【组件】【Tool】到【坐标原点】【Csys1】，如图 5-90 所示。

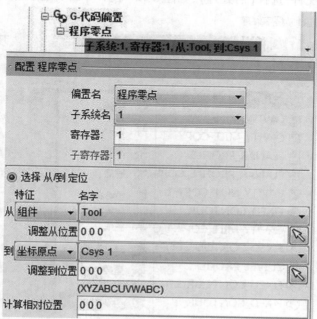

图 5-90　G-代码偏置设置

（7）添加刀具。双击项目树的【加工刀具】，弹出【刀具管理器】对话框，选择工具条【打开文件】，打开【素材】-【仿真素材】-【仿真刀具】文件夹，选择【5-1-TOOL】，单击【打开】，如图5-91所示，完成后关闭窗口。

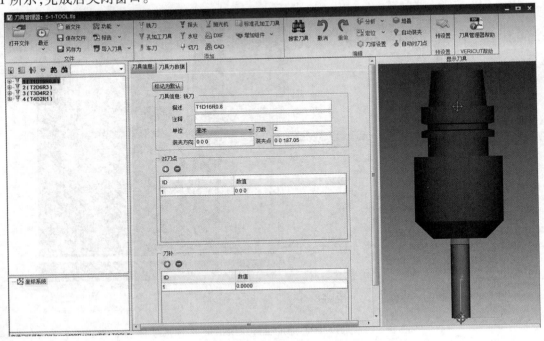

图 5-91　添加刀具

（8）后置处理。后处理得到程序顺序，在 UG 软件的工序导航器中选择程序顺序视图，右键单击【PROGRAM】文件，选择【后处理】，如图5-92所示，弹出后处理对话框。

图 5-92　程序后处理

（9）后处理器选择【3axis】（先安装 3axis 的后处理），单击浏览查找输出文件，弹出【指定NC 输出】对话框，将文件指定目录为【5-1】项目文件夹的目录下，如图 5-93 所示，单击【确定】，生成 G 代码文件，如图 5-94 所示。

图 5-93　后处理选择

（10）添加数控程序。单击项目树的【数控程序】，选择【添加数控程序文件】，选择【5-1.nc】文件，单击确认，如图 5-95 所示。

（11）单击项目树的【工位 1】，选择 G-代码选项卡的编程方法为【刀尖】，如图 5-96 所示，单击【重置所有】按钮，单击【仿真到末端】按钮，进行加工仿真，结果如图 5-97 所示。

（12）保存项目文件。单击菜单栏的【信息】→【文件汇总】，弹出文件汇总对话框，单击左上角位置的【拷贝】，选择【5-1】文件目录，单击【确定】，弹出对话框，单击【所以全是】，关闭对话框，保存结果如图 5-98 所示。

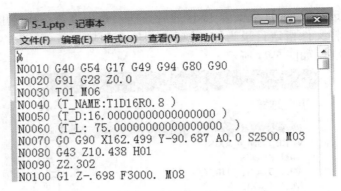

图 5-94　生成 NC 代码

图 5-95　添加数控程序

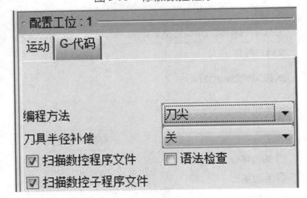

图 5-96　编程方法选择

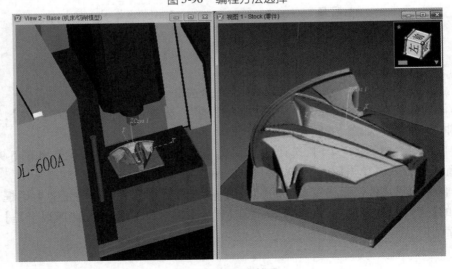

图 5-97　仿真结果

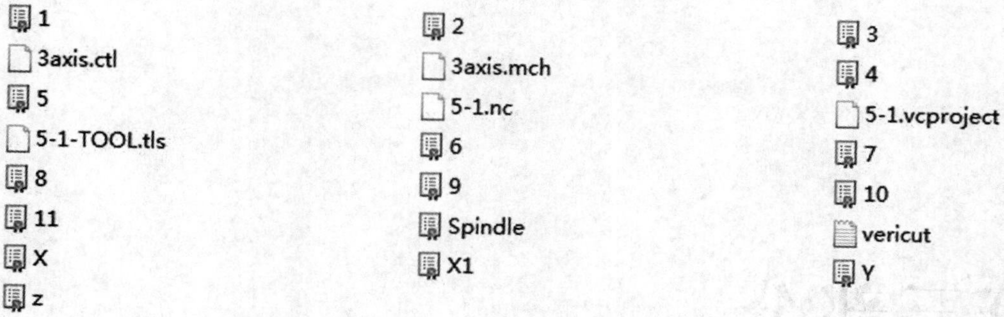

1
3axis.ctl
5
5-1-TOOL.tls
8
11
X
z

2
3axis.mch
5-1.nc
6
9
Spindle
X1

3
4
5-1.vcproject
7
10
vericut
Y

图 5-98　保存结果文件

第三部分

四轴铣削加工

　　本书第三部分主要介绍 UG NX 11.0 四轴加工的应用和 VERICUT 8.0 仿真加工的应用,并通过典型的四轴数控加工案例介绍具体的加工方法。部分案例来自生产一线,为工厂中的实际典型零件的加工,如大力神杯、刀头轴的加工。读者可参考书中的案例所给出的加工工艺及方法,完成类似零件的编程、仿真及加工。

项目六

大力神杯的数控编程与 VERICUT 仿真加工

【学习目标】

技能目标：能运用 UG NX 11.0 软件完成大力神杯零件的编程。

能运用 VERICUT 8.0 软件对零件进行虚拟仿真加工。

能使用加工中心四轴设备对零件进行切削加工。

知识目标：掌握四轴加工刀路的设置方法。

掌握四轴定向加工应用。

掌握曲面驱动方法。

掌握四轴加工策略。

素质目标：激发学生自主学习兴趣，培养学生团队合作、交流的意识和能力。

【项目导读】

大力神杯零件由复杂的曲面构成，适用于带有数控回转台的四轴加工中心或者五轴加工中心进行加工，本项目应用四轴加工中心的方法对零件进行编程、仿真和加工。

【任务描述】

学生以企业制造部门 NC 数控程序员的身份进入 UG NX 11.0 CAM 功能模块，根据大力神杯零件特征，制订合理的工艺路线，创建粗加工、半精加工、精加工的操作，设置必要的加工参数，生成刀具路径，通过相应的后处理生成 G 代码，在 VERICUT 8.0 仿真软件进行虚拟仿真加工，解决存在的问题和不足，并对操作过程中存在的问题进行研讨和交流，并运用四轴加工中心对零件进行切削加工。

【工作任务】

按照零件加工要求，制订大力神杯的加工工艺；编制大力神杯的加工程序；完成大力神杯仿真加工；确认数控程序正确无误后在四轴加工中心完成零件加工。

任务6.1 制订加工工艺

1. 大力神杯零件分析

大力神杯零件形状比较复杂,由不规则的曲面构成,主要用于观赏摆设,对加工精度要求不高。

2. 毛坯选用

零件材料为硬铝,尺寸为$\phi40$ mm×92 mm。零件长度、直径尺寸在车床上已经精加工到位,无须再加工。

3. 制订数控加工工序卡

零件选用立式四轴联动加工中心(带A轴)加工,自定心三抓卡盘装夹,根据先粗后精的加工原则,制订数控加工工序卡,如表6-1所示。

表6-1 数控加工工序卡

零件名称	大力神杯		零件图	6-1		夹具名称	定心三抓卡盘
设备名称及型号			四轴加工中心 VMC600				
材料名称及牌号	2A12		工序名称		四轴联动加工		
工步内容	切削参数		刀具				
	主轴转速	进给速度	编号	名称			
粗加工	2500	750	T1	T1D8			
半精加工	4200	1500	T2	T2R3			
精加工	5000	1200	T3	T3R1			
					××职业技术学院		

任务6.2 编制加工程序

(1)导入模型。UG打开"6-1. prt"文件,进入建模模块界面,如图6-1所示。

图6-1 建模模块界面

（2）创建零件毛坯。单击【主页】-【特征】-【拉伸】，如图 6-2 所示，弹出【拉伸】对话框，选择截面线为【零件底部曲线】，限制结束距离输入"92"，布尔选择"无"，结果如图 6-3 所示，单击【确定】，完成零件毛坯创建。

图 6-2　选择拉伸

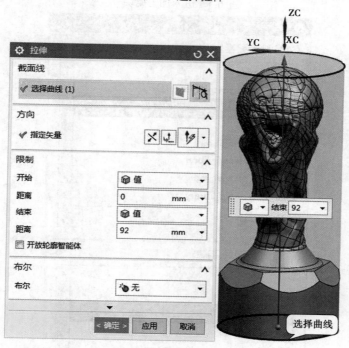

图 6-3　创建零件毛坯

相关知识

如果要在拉伸实体时希望拉伸体预览为透明状态，请在工具栏"通透显示预览"单击为不选状态，如图 6-4 所示。

图 6-4　关闭"通透预览显示"

（3）进入加工模块，编制加工程序。单击【应用模块】-【加工】，如图6-5所示，弹出【加工环境】对话框，CAM会话配置选择"cam_general"；要创建的CAM组装设置"mil_multi-axis"，如图6-6所示，单击【确定】，进入加工模块。

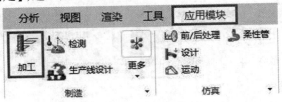

图6-5　进入加工模块

图6-6　加工环境对话框

（4）创建加工坐标系。在工序导航器的空白处右键单击，选择【几何视图】，如图6-7所示，双击【MCS_MILL】，弹出【MCS】对话框，单击【指定MCS】，如图6-8所示，弹出CSYS对话框，类型选择【动态】，指定X轴反向输入"－92"，如图6-9所示，单击【确定】，回到对话框再单击【确定】，完成加工坐标系创建。

图 6-7　进入几何视图

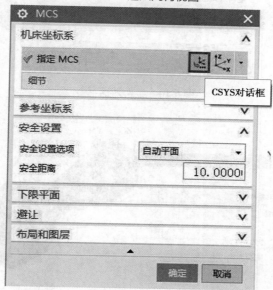

图 6-8　选择 CSYS 对话框

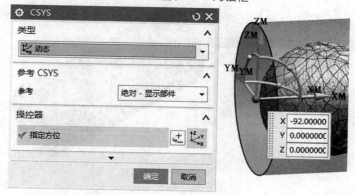

图 6-9　指定 MCS

（5）创建几何体与毛坯。双击【MCS】下的【WORKPIECE】，弹出【工件】对话框，如图 6-10 所示，指定部件为大力神杯模型，如图 6-11 所示，指定毛坯为拉伸几何体，如图 6-12 所示，完成工件设置。

图 6-10　工件对话框

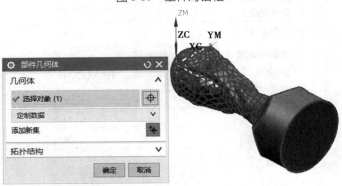

图 6-11　指定部件

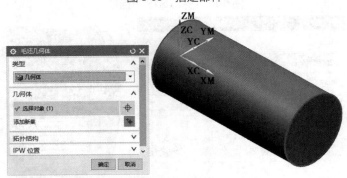

图 6-12　指定毛坯

（6）设置加工方法。在工序导航器空白处右键单击,选择【加工方法视图】,如图 6-13 所示,双击【MILL_ROUGH】,弹出【铣削粗加工】对话框,部件余量为"0.3",内、外公差为"0.03",如图 6-14 所示,单击【确定】;双击【MILL_SEMI_FINISH】,弹出【铣削半精加工】对话框,部件余量为"0.15",内、外公差为"0.03",如图 6-15 所示,单击【确定】;双击【MILL_FINISH】,

弹出【铣削精加工】对话框,部件余量为"0",内、外公差为"0.01",如图 6-16 所示,单击【确定】,完成加工方法设置。

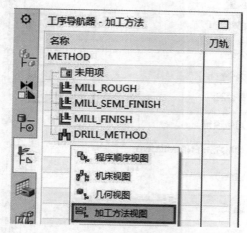

图 6-13　进入加工方法视图

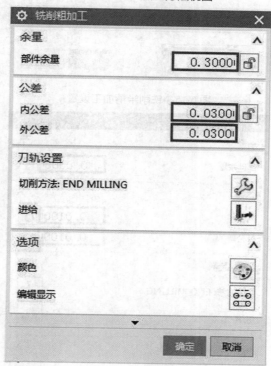

图 6-14　铣削粗加工设置

　　(7)创建型腔铣粗加工工序。切换到几何视图,使用快捷键【Ctrl + B】,选择隐藏加工毛坯;右键单击【WORKPIECE】,选择【插入】-【工序】,如图 6-17 所示,弹出【创建工序】对话框,选择类型选择【mill_contour】,工序子类型选择【型腔铣】,程序选择【PROGRAM】,刀具选择【T1D8】,几何体选择【WORKPIECE】,方法选择【MILL_ROUGH】,如图 6-18 所示,单击【确定】,弹出【型腔铣】对话框,设置切削模式选择【跟随周边】,步距选择【% 刀具平直】,平面直径百分比输入"75",最大距离输入"1",如图 6-19 所示。

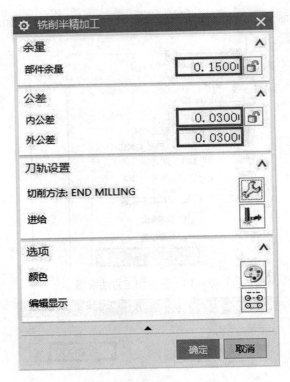

图 6-15　铣削半精加工设置

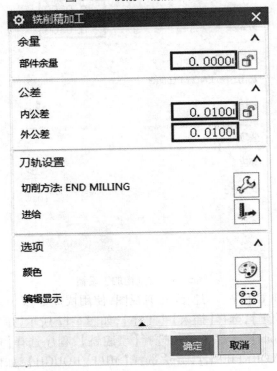

图 6-16　铣削精加工设置

图 6-17　选择工序

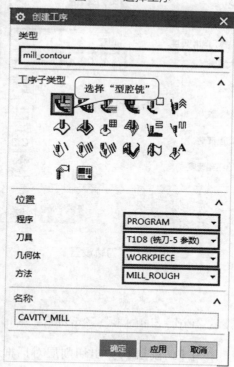

图 6-18　创建工序设置

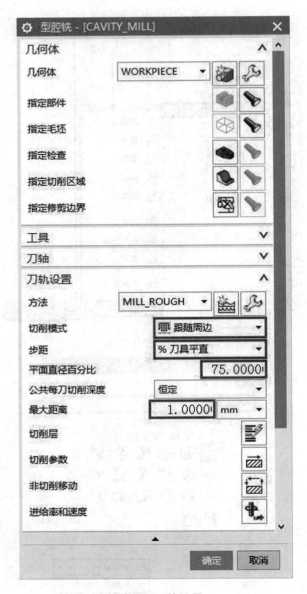

图6-19 刀轨设置

（8）型腔铣切削层设置。单击【切削层】,弹出切削层对话框,范围深度输入"21",如图6-20所示,单击【确定】,完成切削层设置。

（9）型腔铣切削参数设置。单击【切削参数】,弹出切削参数对话框,单击【策略】选项卡,切削顺序选择【深度优先】,刀路方向选择【向内】,其余选项为默认参数,如图6-21所示,单击【确定】,完成切削参数设置。

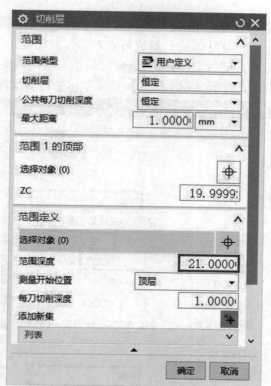

图 6-20　层设置

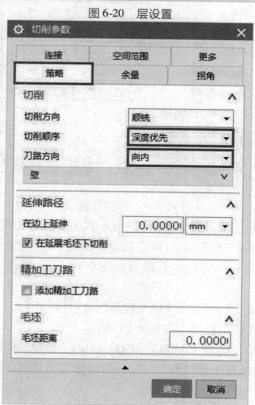

图 6-21　切削参数设置

（10）型腔铣非切削移动设置。单击【非切削移动】，弹出非切削移动对话框，单击【进刀】选项卡，封闭区域的进刀类型选择【螺旋】，斜坡角输入"3"，高度输入"1"，开放区域的进刀类型选择【圆弧】，半径输入"6 mm"，高度输入"1 mm"，最小安全距离输入"65% 刀具"，其余选项为默认参数，结果如图 6-22 所示，单击【确认】，完成非切削移动设置。

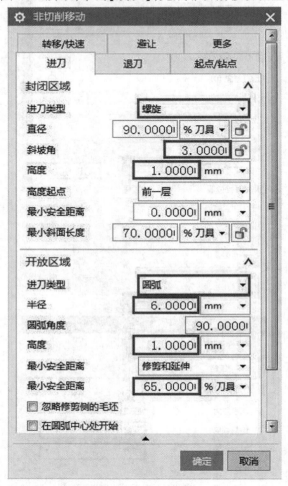

图 6-22　非切削移动设置

（11）型腔铣进给率和速度设置。单击【进给率和速度】，弹出进给率和速度对话框，主轴速度输入"2 500"，切削输入"750"，如图 6-23 所示，单击【确定】，完成进给率和速度设置。

（12）型腔铣刀轨生成。单击【生成】，结果如图 6-24 所示，单击【确定】，完成型腔铣粗加工工序创建。

（13）创建型腔铣粗加工工序。右键单击程序"CAVITY_MILL"，选择【复制】，再右键单击【WORKPIECE】选择【内部粘贴】，结果如图 6-25 所示。

（14）型腔铣刀轴设置。双击"CAVITY_MILL_COPY"程序，弹出型腔铣对话框，单击【刀轴】，轴选择【指定矢量】，指定矢量选择"-ZC"（弹出警告对话框点确定），如图 6-26 所示，完成刀轴设置。

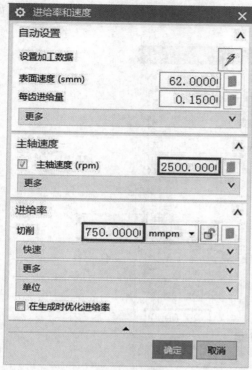

图 6-23　进给率和速度设置

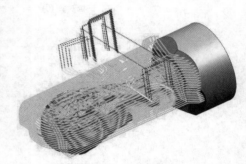

图 6-24　生成刀轨

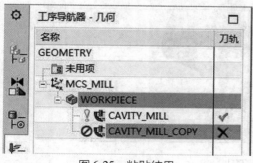

图 6-25　粘贴结果

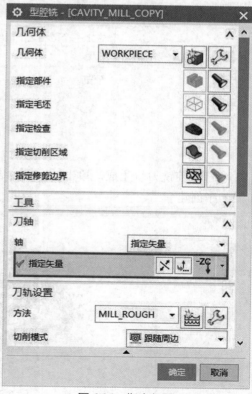

图 6-26　指定矢量

（15）型腔铣切削层设置。单击【切削层】，弹出切削层对话框，范围深度设置为"20"，如图 6-27 所示，单击【确认】。完成切削层设置。

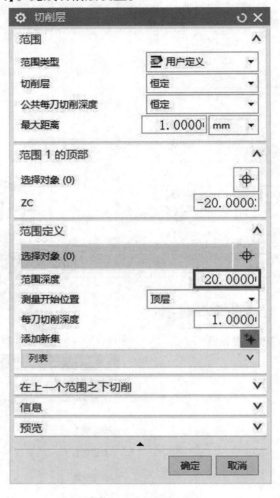

图 6-27　切削层设置

（16）型腔铣刀轨生成。单击【生成】，结果如图 6-28 所示，单击【确定】。完成型腔铣粗加工工序创建。

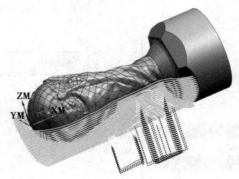

图 6-28　生成刀轨

（17）创建深度加工轮廓二次开粗加工工序（主要清除第一次开粗后的阶梯残料）。右键单击"WORKPIECE"【插入】-【工序】，弹出创建工序对话框，类型选择【mill_contour】，工序子类型选择【深度轮廓加工】，刀具选择【T2R3】，如图 6-29 所示，单击【确定】，弹出深度轮廓加工对话框，如图 6-30 所示。

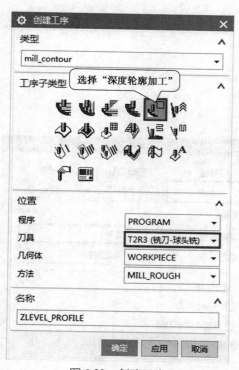

图 6-29 创建工序

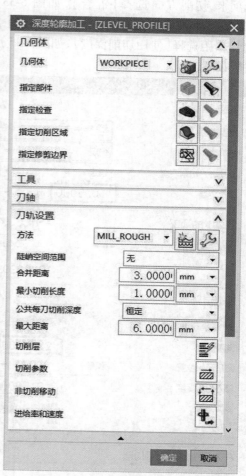

图 6-30 深度轮廓加工对话框

（18）深度加工轮廓切削区域设置。单击【切削区域】，弹出切削区域对话框，单击【选择对象】，框选如图 6-31 所示的曲面，单击【确定】，完成切削区域设置。

图 6-31 指定切削区域

（19）深度加工轮廓切削层设置。单击【切削层】，弹出切削层对话框，范围深度设置输入"23"，每刀切削深度输入"0.5"，如图6-32所示，单击【确定】，完成切削层设置。

（20）深度加工轮廓切削参数设置。单击【切削参数】，弹出切削参数对话框，单击【策略】选项卡，切削方向选择【混合】，如图6-33所示；单击【余量】选项卡，部件侧面余量设为"0.25"，如图6-34所示；单击【连接】选项卡，层到层选择【直接对部件进刀】，勾选【层间切削】，步距选择【使用切削深度】，如图6-35所示，其余选项为默认参数，单击【确定】，完成切削参数设置。

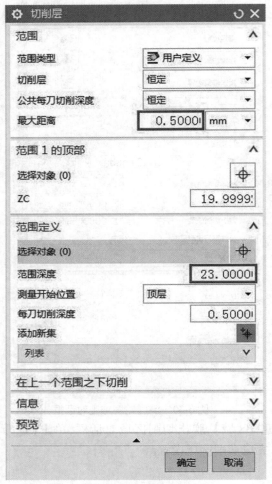

图6-32 切削层设置

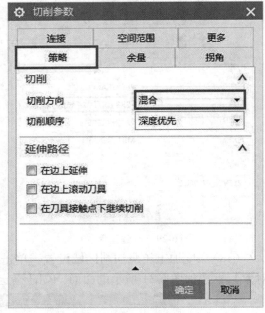

图6-33 策略选项卡设置

（21）深度加工轮廓非切削移动设置。单击【非切削移动】，弹出非切削移动对话框，单击【进刀】选项卡，封闭区域进刀类型选择【与开放区域相同】，开放区域的进刀类型选择【圆弧】，半径输入"65%刀具"，最小安全距离输入"65%刀具"，如图6-36所示；单击【转移/快速】选项为，区域之间的转移类型选择【前一平面】，区域内的转移类型为【前一平面】，如图6-37所示，其余选项为默认参数，单击【确定】，完成非切削移动设置。

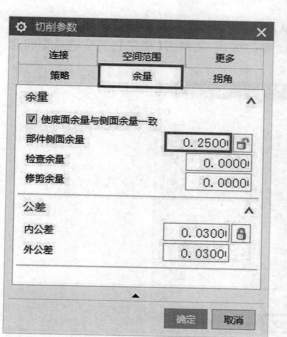

图 6-34 余量选项卡设置

图 6-35 连接选项卡设置

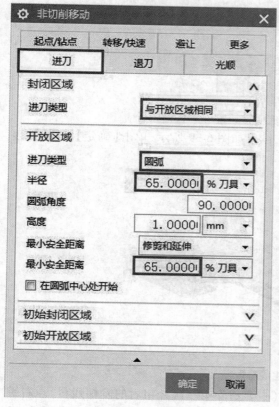

图 6-36 进刀设置

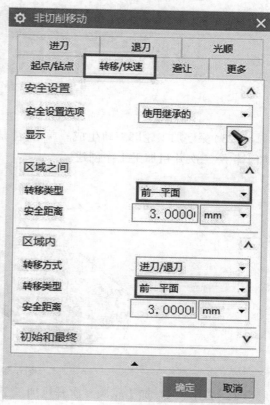

图 6-37 转移/快速设置

（22）深度加工轮廓进给率和速度设置。单击【进给率和速度】，弹出进给率和速度对话框，主轴速度输入"4 200"，切削输入"1 500"，如图6-38所示，单击【确定】，完成进给率和速度设置。

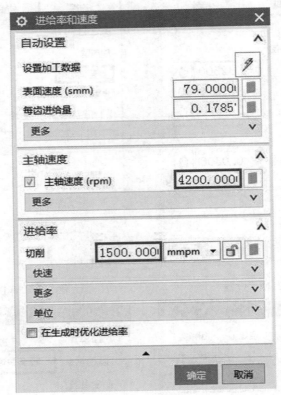

图6-38　进给率和速度设置

（23）深度加工轮廓刀轨生成。单击【生成】，结果如图6-39所示，单击【确定】，完成深度加工轮廓二次开粗加工工序创建。

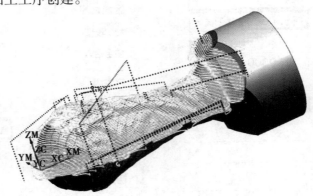

图6-39　生成刀轨

（24）创建深度加工轮廓二次开粗加工工序（主要清除第一次开粗后的阶梯残料）。右键单击程序"ZLEVEL_PROFILE"选择【复制】，再右键单击【WORKPIECE】选择【内部粘贴】，结果如图6-40所示。

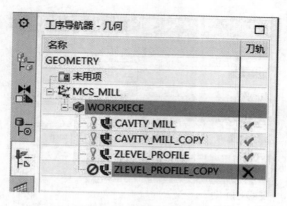

图 6-40　粘贴结果

（25）深度加工轮廓刀轴设置。双击"ZLEVEL_PROFILE_COPY"程序，弹出深度加工轮廓对话框，单击【刀轴】，轴选择【指定矢量】，指定矢量选择"－ZC"（弹出警告对话框点确定），如图 6-41，完成刀轴设置。

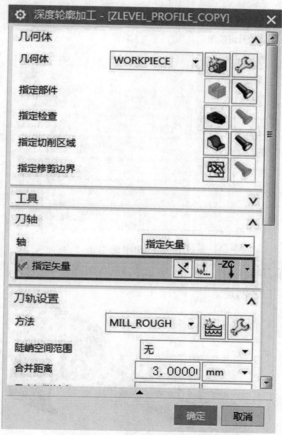

图 6-41　指定矢量

（26）深度加工轮廓切削层设置。单击【切削层】，弹出切削层对话框，范围深度输入"23"，如图 6-42 所示，单击【确定】，完成切削层设置。

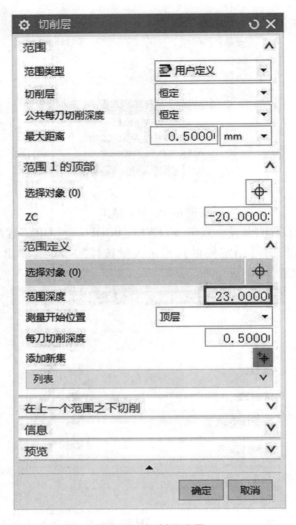

图 6-42　切削层设置

（27）深度加工轮廓刀轨生成。单击【生成】，结果如图 6-43 所示，单击【确定】，完成深度加工轮廓二次开粗加工工序创建。

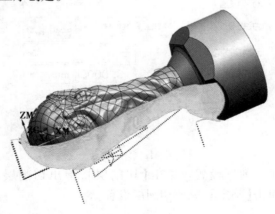

图 6-43　生成刀轨

（28）创建草图。因为大力神杯表面外形复杂，无法从自身生成合理的刀位点，所以需要通过做辅助面（辅助面的外形越贴近零件外形，生成的刀路就越理想）来生成刀位点，再投影到几何体表面生成刀轨。单击【应用模块】-【建模】，进入建模模块，如图 6-44 所示；单击【主页】-【草图】，如图 6-45 所示，弹出创建草图对话框，平面方法选择【新平面】，指定平面选择【XC】，距离输入"－22.5"，指定矢量选择【－YC】，指定点选择【坐标原点】，如图 6-46 所示，单击【确定】。完成创建草图。

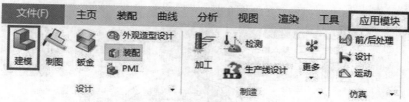

图 6-44　进入建模模块

图 6-45　选择草图

图 6-46　创建草图

（29）绘制草图。单击【主页】-【直接草图】-【圆】，如图 6-47 所示，弹出圆对话框，选择草图原点画直径为"40"的圆，如图 6-48 所示，关闭圆对话框，单击【完成草图】，完成草图绘制。

（30）拉伸设置。单击【主页】-【特征】-【拉伸】，弹出拉伸对话框，截面线选择草图曲线，指定矢量选择【－XC】，结束距离输入"74"，布尔选择【无】，如图 6-49 所示，单击【确定】，完成拉伸设置。

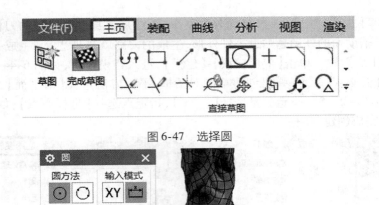

图 6-47 选择圆

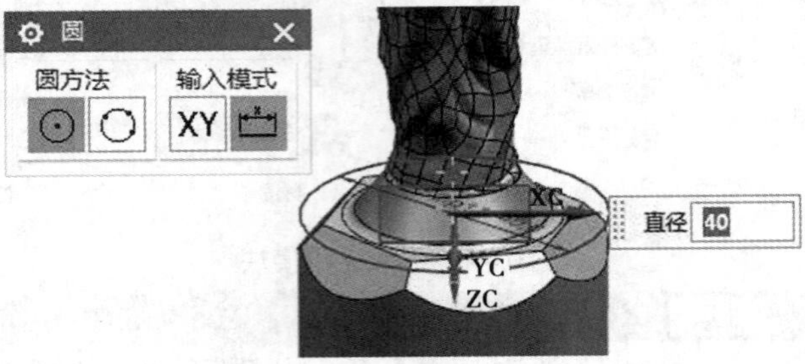

图 6-48 绘制直径 40 mm 的圆

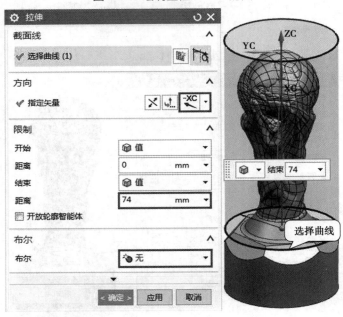

图 6-49 拉伸设置

（31）边倒圆设置。单击【主页】-【特征】-【边倒圆】，如图 6-50 所示，弹出边倒圆对话框，半径输入"20"，如图 6-51 所示，单击【确定】，完成边倒圆设置。

图 6-50 选择边倒圆

图 6-51　边倒圆设置

（32）提取"ZC"的最大轮廓曲线。单击【菜单】-【插入】-【派生曲线】-【等斜度曲线】，如图 6-52 所示，弹出等斜度曲线对话框，指定矢量选择【YC】，角度输入"0"，选择面则选择体的两个面，如图 6-53 所示，单击【确定】，关闭对话框，结果如图 6-54 所示。

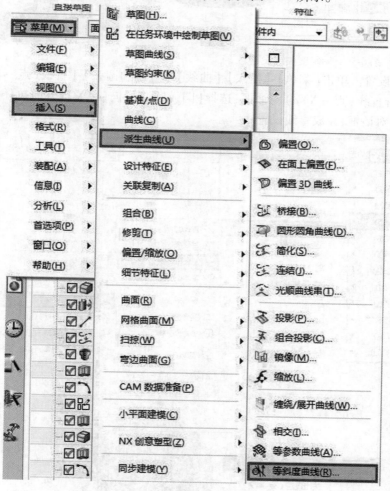

图 6-52　选择等斜度曲线

图 6-53　等斜度曲线设置

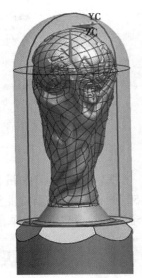

图 6-54　抽取结果

（33）直线设置。单击【菜单】-【插入】-【曲线】-【直线和圆弧】-【直线（点 – XYZ）】，如图 6-55 所示，单击直线（点 – XYZ）对话框，选择【圆弧圆心】，向【 – XC】方向拉任意长度，如图 6-56所示，关闭对话框，完成直线设置。

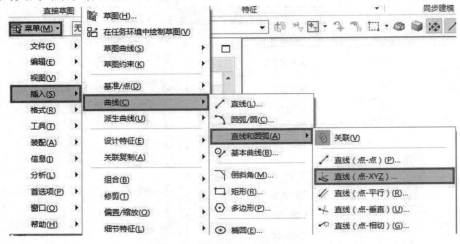

图 6-55　选择直线（点 – XYZ）

图 6-56　直线画法

（34）连结最大轮廓曲线。单击【菜单】-【插入】-【派生曲线】-【连结】，如图 6-57 所示，弹出连结曲线对话框，选择部件导航器【等斜度曲线】，如图 6-58 所示，在部件导航器中选中固定基准平面、草图、拉伸、边倒圆和等斜度曲线，右键单击隐藏，隐藏结果如图 6-59 所示。

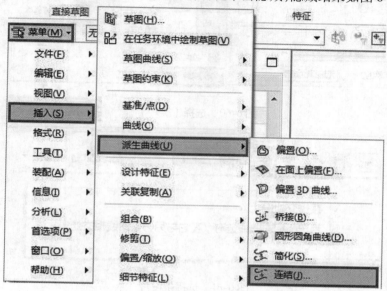

图 6-57　选择【连结】

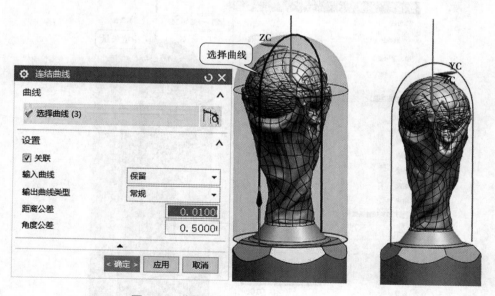

图 6-58　曲线选择　　　　　　　　　　图 6-59　隐藏结果

（35）旋转曲线得出辅助面。单击【主页】-【特征】-【拉伸】-【旋转】，如图 6-60 所示，弹出旋转对话框，先在选择条选择【单条曲线】，选择【在相交处停止】，如图 6-61 所示，再到选择对话框下选择曲线为【连结曲线】，指定矢量为【直线】，设置体类型为【片体】，如图 6-62 所示，单击【确定】，结果如图 6-63 所示。

图 6-60 选择【旋转】

在相交处停止

当选择相连曲线链时，在它与另一条曲线相交处停止该链。

图 6-61 选择条设置

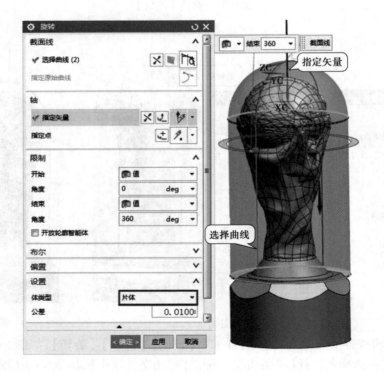

图 6-62 旋转设置

（36）编辑图素。使用快捷键"Ctrl＋L"将大力神杯几何体与辅助面以外的图素放到图层"256"，并使用快捷键"Ctrl＋J"将辅助面透明化，便于观察，结果如图 6-64。

178

图 6-63　旋转结果

图 6-64　编辑显示

快捷键

图层设置："Ctrl + L"；编辑对象显示："Ctrl + J"。

（37）创建可变轮廓铣半精加工工序。切换至【加工模块】，在程序顺序视图中，右键单击"WORKPIECE"【插入】-【工序】，弹出创建工序对话框，类型选择"mill_multi_axis"，工序子类型选择【可变轮廓铣】，刀具选为【T2R3】，方法选择【MILL_SEMI_FINISH】，如图 6-65 所示，单击【确定】，弹出可变轮廓铣对话框，如图 6-66 所示。

图 6-65　创建工序

179

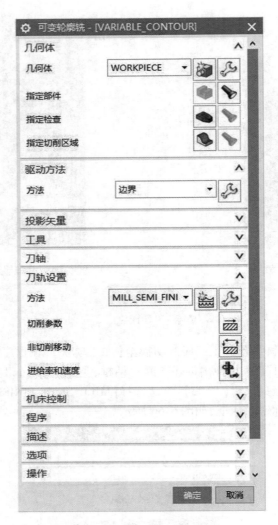

图 6-66　可变轮廓铣对话框

（38）可变轮廓铣切削区域设置。单击指定切削区域,弹出切削区域对话框,框选曲面,如图 6-67 所示,单击【确定】,完成切削区域设置。

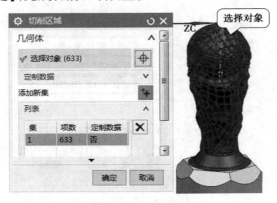

图 6-67　区域选择

注意事项

在框选曲面时,移除与 X 轴方向垂直的小面,不然在生成刀路后会有跳刀现象,该面位置如图 6-68、图 6-69 所示。

图 6-68　小片体

图 6-69　移除选择

（39）可变轮廓铣驱动方法设置。单击【驱动方法】,选择【曲面】,在弹出的对话框中点"确定",弹出曲面区域驱动方法对话框,单击【指定驱动几何体】,弹出驱动几何体对话框,选择辅助面,如图 6-70 所示;单击【确定】,单击切削方向,选择方向如图 6-71 所示;刀具位置选择【相切】,切削模式选择【螺旋】,步距数输入"200",如图 6-72 所示,单击【确定】,完成驱动方法设置。

图 6-70　驱动面选择

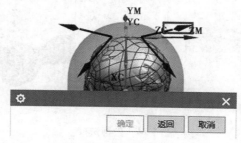

图 6-71　切削方向选择

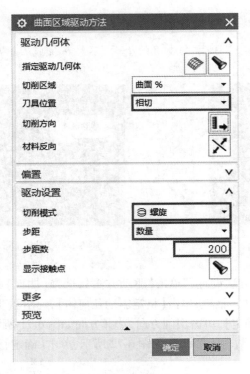

图 6-72　驱动设置

（40）可变轮廓铣投影矢量与刀轴设置。单击【投影矢量】，矢量选择【垂直于驱动体】，单击【刀轴】，轴选择【4 轴，垂直于驱动体】，如图 6-73 所示，弹出 4 轴，垂直于驱动体对话框，指定矢量选择【XC】，如图 6-74 所示，单击【确定】，完成投影矢量与刀轴设置。

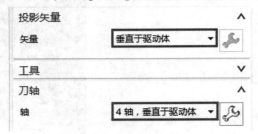

图 6-73　投影矢量与刀轴选择

图 6-74　矢量选择

相关知识

　　投影矢量:产生在驱动面上的到位点按照什么方向向工件表面进行投影从而得到的切削坐标点(也就是刀具与工件相接触的位置)。各选项说明如下:

　　指定矢量:指定刀位点向工件表面投影的矢量方向。

　　刀轴:刀位点沿着刀具轴向向工件表面投影。

　　刀轴向上:沿刀轴向上投影。

　　远离点:刀背指向某个指定点。

　　朝向点:刀尖指向某个指定点。

　　远离直线:刀背指向某条指定直线。

　　朝向直线:刀尖指向某条指定直线。

　　垂直于驱动体:投影矢量垂直于驱动面。

　　朝向驱动体:与垂直于驱动体投影方式类似,刀位点沿最近的路径向部件表面进行投影。

　　刀轴矢量:刀轴矢量用于定义固定刀轴与可变刀轴的方向。固定刀轴与指定的矢量平行,而可变刀轴在刀具沿刀具路径移动时,可不断地改变方向。

　　远离点/朝向点:通过指定一聚焦点来定义可变刀轴矢量。它以指定的聚焦点为起点,并指向刀柄所形成的矢量,即为可变刀轴矢量。

　　远离直线:远离直线允许定义偏离聚焦线的“可变刀轴”。“刀轴”沿聚焦线移动,同时与该聚焦线保持垂直。刀具在平行平面间运动。“刀轴矢量”从定义的聚焦线离开并指向刀具夹持器。

　　朝向直线:用指定的一条直线来定义可变刀轴矢量。定义的可变刀轴矢量沿指定直线的全长,并垂直于直线,且从刀柄指向指定直线。

　　相对于矢量:“相对于矢量”允许定义相对于带有指定的“前倾角”和“侧倾角”的矢量的“可变刀轴”。

　　垂直于部件:可变刀轴矢量在每一个接触点处垂直于零件几何表面。

　　相对于部件:通过指定引导角和倾斜角,来定义相对于零件几何表面法向矢量的可变刀轴矢量。

　　插补矢量:通过在指定点定义矢量来控制刀轴矢量。也可用来调整刀轴,以避免刀具悬空或避让障碍物。

　　垂直于驱动体:在每一个接触点处,创建垂直于驱动曲面的可变刀轴矢量。

　　相对于驱动体:“相对于驱动体”可用在非常复杂的“部件表面”上来控制刀轴的运动。

　　侧刃驱动体:“侧刃驱动体”允许你定义沿“驱动曲面”的侧刃划线移动的刀轴。此类刀轴允许刀具的侧面切削“驱动曲面”,而刀尖切削“部件表面”。如果刀具不带锥度,那么刀轴将平行于侧刃划线。如果刀具带锥度,那么刀轴将与侧刃划线成一定角度,但二者共面。“驱动曲面”将支配刀具侧面的移动,而“部件表面”将支配刀尖的移动。

　　双 4 轴在部件上:只能用于 Zig-Zag 切削方法,而且分别对 Zig 方向与 Zag 方向进行切削。

　　4 轴,垂直于驱动体(部件):通过指定旋转轴(即第四轴)及其旋转角度来定义刀轴矢量。即刀轴先从驱动曲面法向旋转到旋转轴的法向平面(从零件几何表面法向投射到旋转轴的法向平面),然后基于刀具运动方向朝前或朝后倾斜一个旋转角度。

　　4 轴,相对于驱动体(部件):通过指定第四轴及其旋转角度、引导角度与倾斜角度来定义刀轴矢量。即先使刀轴从驱动曲面法向(从零件几何表面法向)、基于刀具运动方向朝前或朝后倾斜引导角度与倾斜角度,然后投射到正确的第四轴运动平面,最后旋转一个旋转角度。

优化后驱动:刀轴控制方法使刀具前倾角与驱动几何体曲率匹配。

(41)可变轮廓铣非切削移动设置。单击【非切削移动】,弹出非切削移动对话框,单击【进刀】选项卡,开放区域的进刀类型选择"圆弧-平行于刀轴",如图6-75所示,单击【退刀】选项卡,开放区域的退刀类型选择"圆弧-相切离开",如图6-76所示,其余选项为默认参数,单击【确定】,完成非切削移动设置。

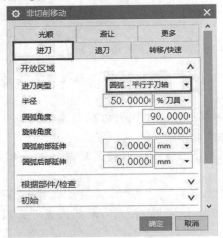

图6-75　进刀设置　　　　　　　　　　　　　图6-76　退刀设置

(42)可变轮廓铣进给率和速度设置。单击【进给率和速度】,弹出进给率和速度对话框,主轴速度输入"4 200",切削输入"1 500",如图6-77所示,单击【确定】,完成进给率和速度设置。

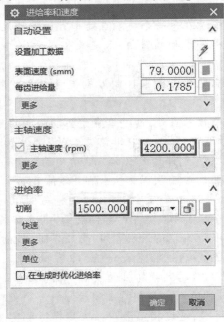

图6-77　进给率和速度设置

（43）可变轮廓铣刀轨生成。单击【生成】，结果如图 6-78 所示，单击【确定】，完成可变轮廓铣半精加工工序创建。

（44）创建可变轮廓铣底座半精加工工序。右键单击程序"VARIABLE_CONTOUR"选择【复制】，再右键单击【WORKPIECE】选择【内部粘贴】，结果如图 6-79 所示。

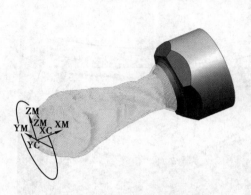

图 6-78　生成刀轨

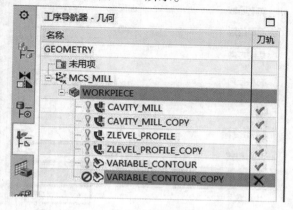

图 6-79　粘贴结果

（45）可变轮廓铣驱动方法设置。双击"VARIABLE_CONTOUR_COPY"程序，弹出可变轮廓铣对话框，删除原切削区域曲面，编辑驱动方法，修改驱动几何体为六个面的任意一个面，如图 6-80 所示，选择切削方向，切削模式选择【往复】，步距数输入"25"，如图 6-81 所示，单击【确定】，完成驱动方法设置。

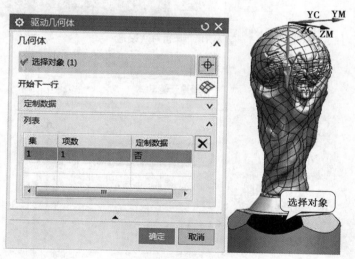

图 6-80　驱动面选择

（46）可变轮廓铣刀轨设置。单击【工具】，刀具选择【T2R3】，单击【刀轨设置】，方法选择【MILL_SEMI_FINI】，如图 6-82 所示，完成刀轨设置。

（47）可变轮廓铣进给率和速度设置。单击【进给率和速度】，弹出进给率和速度对话框，主轴速度输入"4 200"，切削输入"1 200"，如图 6-83 所示，单击【确定】，完成进给率和速度设置。

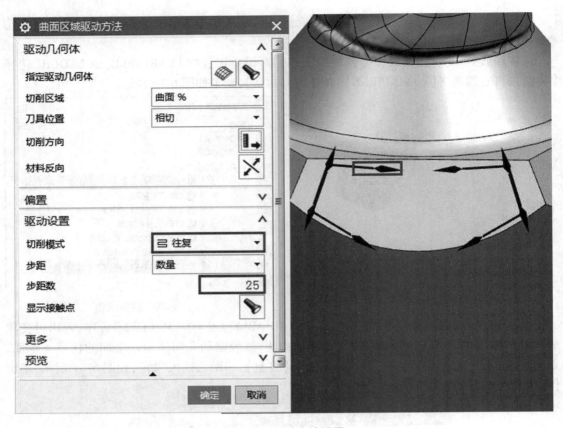

图 6-81　驱动方法设置

图 6-82　刀轨设置

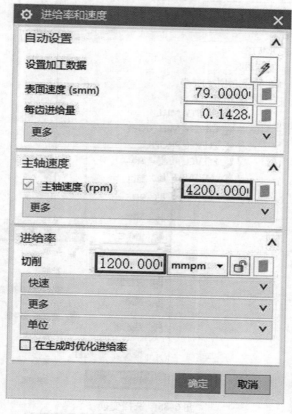

图 6-83　进给率和速度设置

（48）可变轮廓铣刀轨生成。单击【生成】，结果如图 6-84 所示，单击【确定】，完成可变轮廓铣底座半精加工工序。

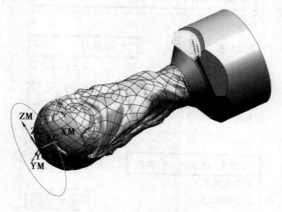

图 6-84　生成刀轨

（49）刀轨变换。右键单击"VARIABLE_CONTOUR_COPY"程序，选择【对象】-【变换】，如图 6-85 所示，类型选择【绕直线旋转】，直线方法选择【点和矢量】，指定点选择圆弧圆心，指定矢量选择【-XC】，角度输入"60"，非关联副本数输入"5"，如图 6-86 所示，单击【确定】，结果如图 6-87 所示，完成刀轨变换。

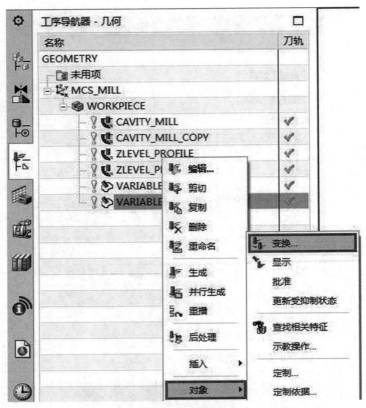

图 6-85　选择变换

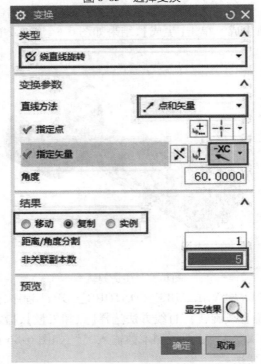

图 6-86　变换设置

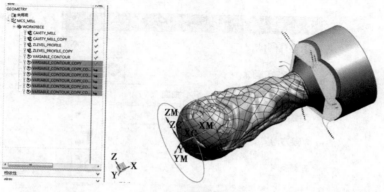

图 6-87　变换结果

（50）创建可变轮廓铣精加工工序。右键单击程序"VARIABLE_CONTOUR"选择【复制】，右键单击【WORKPIECE】选择【内部粘贴】，结果如图 6-88 所示。

图 6-88　粘贴结果

（51）可变轮廓铣驱动方法设置。双击"VARIABLE_CONTOUR_COPY_1"程序，弹出可变轮廓铣对话框，编辑驱动方法，在切削区域中单击【曲面%】，弹出曲面百分比方法对话框，结束步长输入"95"，单击【确定】，如图 6-89 所示，步距数输入"430"，如图 6-90 所示，单击【确定】，完成驱动方法设置。

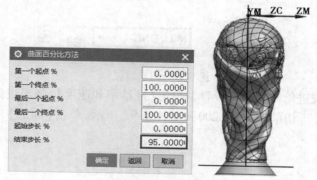

图 6-89　曲面百分比

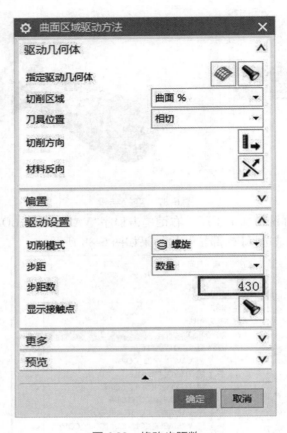

图 6-90　修改步距数

（52）可变轮廓铣刀轨设置。单击【工具】，刀具选择【T3R1】，单击【刀轨设置】，方法选择【MILL_FINISH】，如图 6-91 所示，完成刀轨设置。

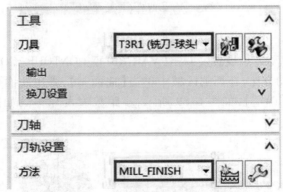

图 6-91　刀轨设置

（53）可变轮廓铣进给率和速度设置。单击【进给率和速度】，弹出进给率和速度对话框，主轴速度输入"5 000"，切削输入"1 200"，如图 6-92 所示，单击【确定】，完成进给率和速度设置。

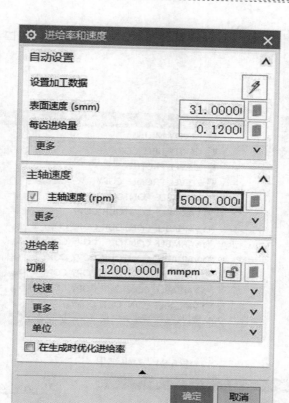

图 6-92　进给率和速度设置

（54）可变轮廓铣刀轨生成。单击【生成】，结果如图 6-93 所示，单击【确定】，完成可变轮廓铣精加工工序创建。

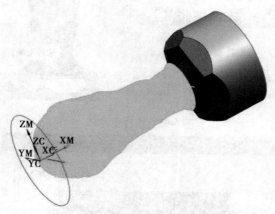

图 6-93　生成刀轨

（55）创建可变轮廓铣精加工工序。右键单击程序"VARIABLE_CONTOUR_COPY_1"选择【复制】，右键单击【WORKPIECE】选择【内部粘贴】，结果如图 6-94 所示。

（56）可变轮廓铣驱动方法设置。双击"VARIABLE_CONTOUR_COPY_1_COPY"程序，弹出可变轮廓铣对话框，移除切削区域，编辑驱动方法，更改驱动几何体，如图 6-95 所示，选择切削方向，如图 6-96 所示，步距数输入"34"，单击【确定】，如图 6-97 所示，完成驱动方法设置。

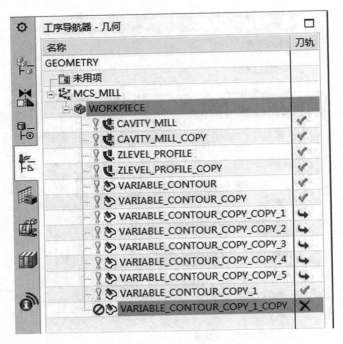

图 6-94 粘贴结果

图 6-95 选择驱动体

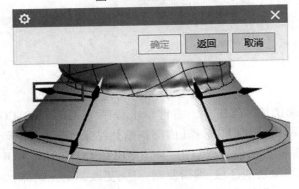

图 6-96 选择切削方向

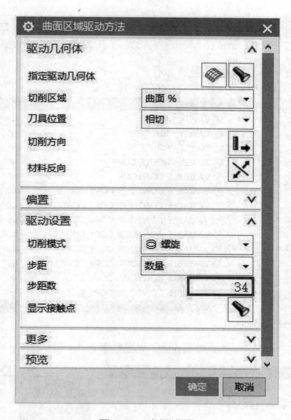

图 6-97 步距设置

（57）可变轮廓铣刀轨生成。单击【生成】，结果如图 6-98 所示，单击【确定】，完成可变轮廓铣精加工工序创建。

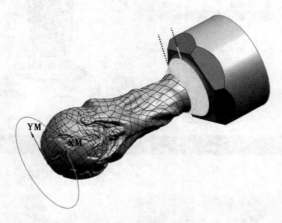

图 6-98 生成刀轨

（58）创建可变轮廓铣精加工工序。右键单击程序"VARIABLE_CONTOUR_COPY_1_COPY"选择【复制】，右键单击"WORKPIECE"选择【内部粘贴】。结果如图 6-99 所示。

（59）可变轮廓铣驱动方法设置。双击"VARIABLE_CONTOUR_COPY_1_COPY_COPY"程序，弹出可变轮廓铣对话框，双击打开，修改驱动几何体，如图 6-100 所示，选择切削方向，如图 6-101 所示，步距数为"5"，如图 6-102 所示，单击【确定】。完成驱动方法的设置。

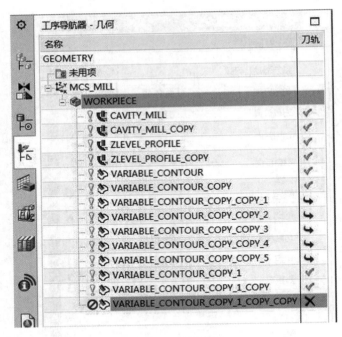

图 6-99　粘贴结果

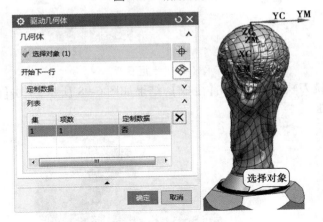

图 6-100　驱动体选择

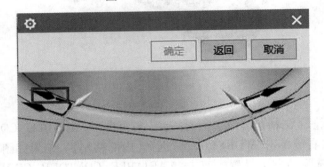

图 6-101　切削方向选择

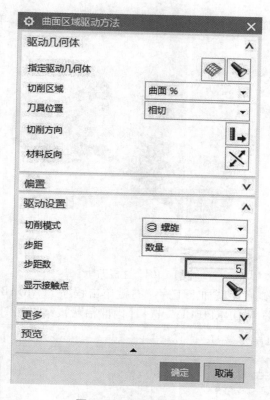

图 6-102　步距数设置

（60）可变轮廓铣投影矢量与刀轴设置。单击【投影矢量】，矢量选择【朝向驱动体】，单击【刀轴】，轴选择【远离直线】，如图 6-103 所示。完成投影矢量与刀轴设置。

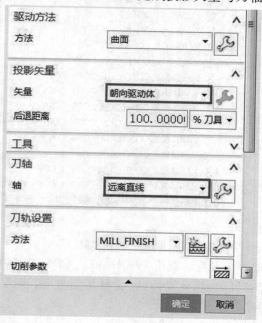

图 6-103　投影矢量与刀轴设置

（61）可变轮廓铣刀轨生成。单击【生成】，结果如图 6-104 所示，单击【确定】。完成可变轮廓铣精加工工序创建。

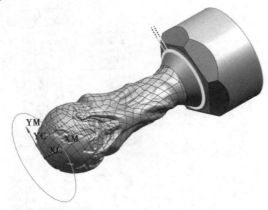

图 6-104　生成刀轨

（62）创建可变轮廓铣底座精加工工序。右键单击程序"VARIABLE_CONTOUR_COPY"，选择【复制】，再右键单击"WORKPIECE"，选择【内部粘贴】，结果如图 6-105 所示。

图 6-105　粘贴结果

（63）可变轮廓铣驱动方法设置。双击"VARIABLE_CONTOUR_COPY_COPY"程序，弹出可变轮廓铣对话框，双击打开，编辑驱动方法，选择切削方向，步距数为"35"，如图 6-106 所示，单击【确定】。完成驱动方法设置。

（64）可变轮廓铣刀具与方法设置。单击【工具】，刀具选择【T3R1】，单击【刀轨设置】，方法选择【MILL_FINISH】，如图 6-107 所示。完成刀具与方法设置。

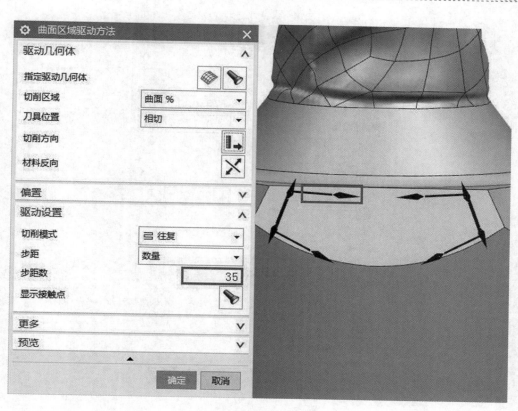

图 6-106　驱动方法设置

图 6-107　刀具与方法设置

（65）可变轮廓铣进给率和速度设置。单击【进给率和速度】，弹出进给率和速度对话框，主轴速度为"4 200"，切削为"1 500"，如图 6-108 所示，单击【确定】。完成进给率和速度设置。

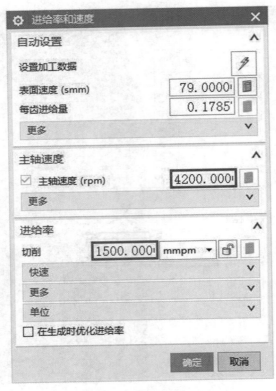

图 6-108　进给率和速度设置

(66) 可变轮廓铣刀轨生成。单击【生成】,结果如图 6-109 所示,单击【确定】。完成可变轮廓铣底座精加工工序创建。

(67) 刀轨变换。右键单击"VARIABLE_CONTOUR_COPY_COPY"程序,选择【对象】-【变换】,角度为"60",非关联副本数为"5",单击【确定】,结果如图 6-110 所示。

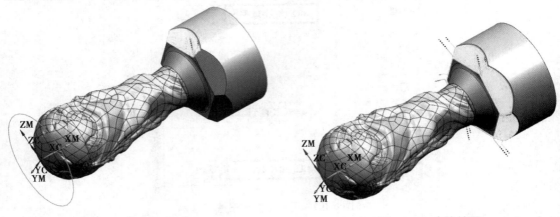

图 6-109　生成刀轨

图 6-110　变换结果

任务6.3 VERICUT 仿真加工

（1）打开 VERICUT 软件，菜单栏单击文件-新项目，弹出新的 VERICUT 项目对话框，单击浏览新的项目文件名，弹出选择项目文件对话框，选择存放路径，单击新文件夹，弹出新次级文件夹名对话框，输入"6-1"，单击【确认】-【确认】，将"没有命名的_"改为"6-1"，单击【确认】，如图 6-111 所示。

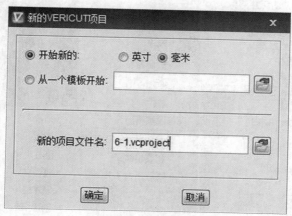

图 6-111　新建项目

（2）双击项目树的【控制】，弹出【打开控制系统】对话框，打开【素材】-【仿真素材】-【仿真系统】-【4axis. ctl】控制系统。双击项目树的【机床】，弹出【打开机床】对话框，选择【仿真机床】-【4axis. mch】文件，如图 6-112 所示。

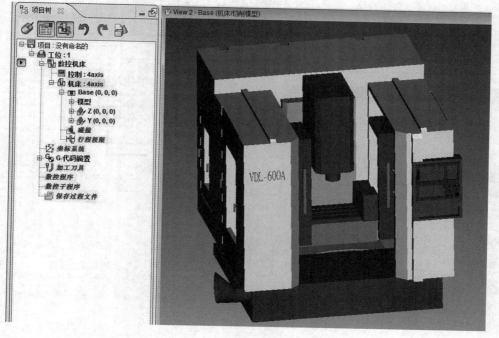

图 6-112　添加控制文件和机床文件

（3）添加夹具。右键单击【Fixture】→【添加模型】→【模型文件】，选择【4axis】-【三爪卡盘1.stl】；单击【打开】，右键单击项目树中的【Fixture】，选择【添加模型】-【创建旋转】，如图6-113所示，描绘夹具外形保存，如图6-114所示，结果如图6-115所示。

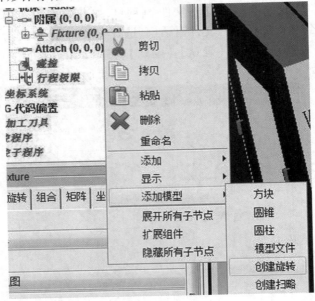

图 6-113　添加夹具

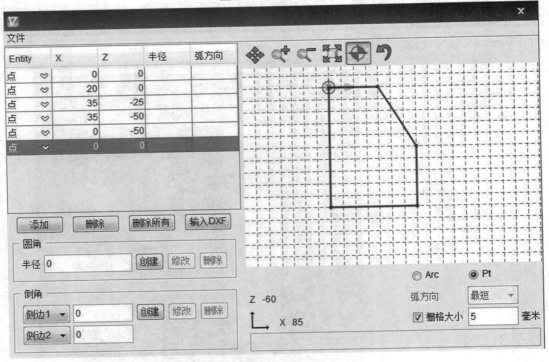

图 6-114　描绘夹具

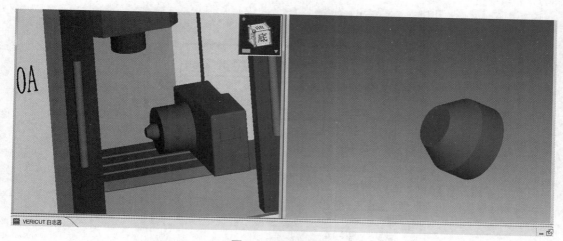

图 6-115　添加结果

（4）添加毛坯。右键单击项目树中的【Stock】,选择【添加模型】-【圆柱】,设置高度为
"92",半径为"20",添加结果如图 6-116 所示。

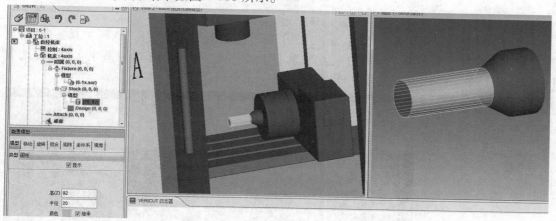

图 6-116　添加结果

（5）添加坐标系统。单击项目树中的坐标系统,单击添加新的坐标系,单击选择毛坯左端
面的中心作为坐标原点,添加结果如图 6-117 所示。

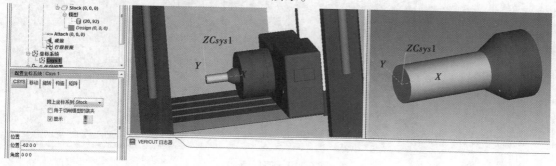

图 6-117　添加坐标

（6）设置 G-代码偏置。选择项目树中的 G-代码偏置,偏置名为【程序零点】,子系统名为
"1",单击添加,特征从【组件】【Tool】到【坐标原点】【Csys1】,如图 6-118 所示。

201

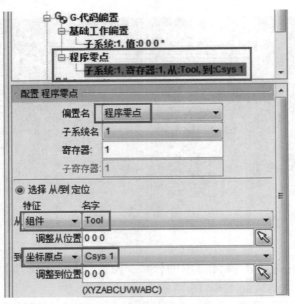

图 6-118　设置 G-代码偏置

（7）添加刀具。双击项目树的【加工刀具】，弹出刀具管理器对话框，选择工具条【打开文件】，打开【素材】文件夹，再打开【仿真素材】文件夹，打开【仿真刀具】文件夹，选择【6-1-TOOL】，单击打开，如图6-119所示，完成后关闭窗口。

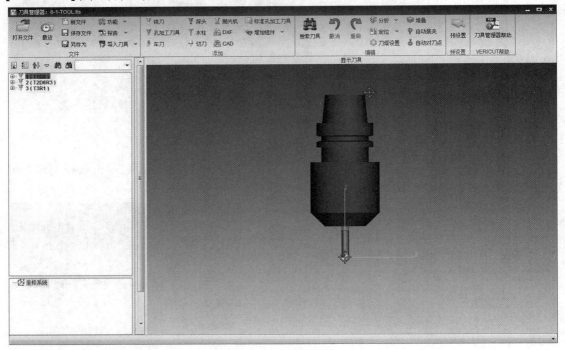

图 6-119　刀具添加

（8）后处理得到加工程序。在 UG NX 软件中的程序顺序视图中，右键单击"NC_PROGRAM"文件夹，选择后处理，如图6-120所示，弹出对话框，后处理器选择"4axis"，选择输出文件路径，文件名为【6-1】，如图6-121所示，单击【确定】，生成加工程序代码，如图6-122所示。

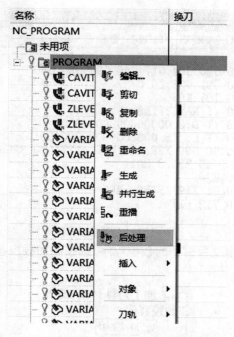

图 6-120　后处理

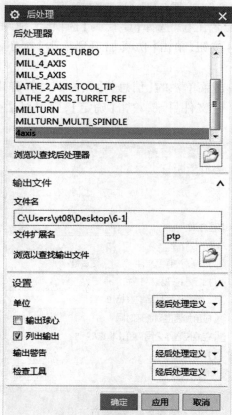

图 6-121　选择后处理器

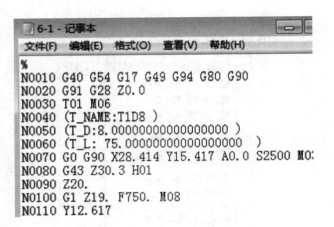

图 6-122　生成程序代码

（9）添加数控程序，单击项目树中的数控程序，选择添加数控程序文件，选择加工程序，结果如图 6-123 所示。

图 6-123　添加数控程序

（10）单击项目树中的配置工位，选择【G-代码】选项卡，把编程方法改为"刀尖"，如图 6-124所示，单击【重置所有】按钮，单击【仿真加工到末端】按钮，进行加工仿真，结果如图 6-125所示。

（11）保存项目文件。单击菜单栏的【信息】-【文件汇总】，弹出文件汇总对话框，单击左上角位置的【拷贝】，选择【6-1】文件目录，单击【确定】，弹出对话框，单击【所有全是】，如图 6-126所示，关闭对话框。

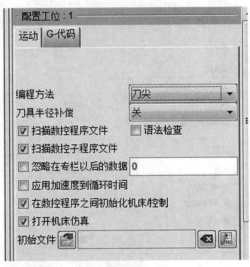

图 6-124　编程方法设置

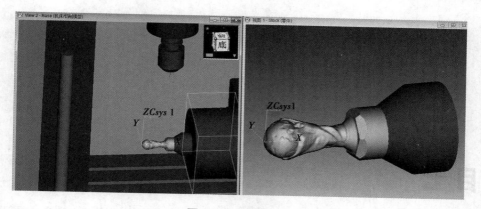

图 6-125　仿真结果

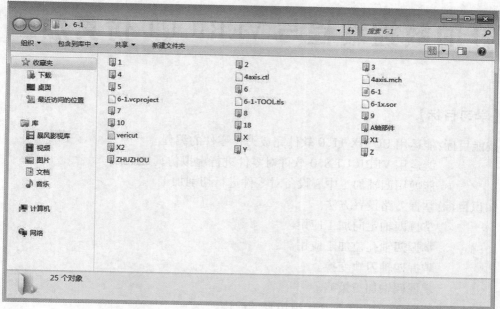

图 6-126　保存项目文件

项目七

刀杆的数控编程与 VERICUT 仿真加工

【学习目标】

技能目标：能运用 UG NX 11.0 软件完成刀杆零件的编程。

能运用 VERICUT 8.0 软件对零件进行虚拟仿真加工。

能使用四轴加工中心设备对零件进行切削加工。

知识目标：掌握刀路设置方法。

掌握四轴定向加工应用。

掌握四轴孔位加工应用。

掌握四轴刀轨变换。

掌握四轴加工策略。

掌握 VERICUT 8.0 虚拟仿真的应用。

素质目标：激发学生自主学习兴趣，培养学生团队合作交流的意识和能力。

【项目导读】

刀杆零件属于车铣复合加工类零件。由于设备的限制，须先把零件进行车削加工。本项目应用四轴加工中心对刀杆零件进行后续的四轴定向加工，零件加工精度要求高。本项目还应用四轴加工的方法对零件进行编程、仿真和加工。

【任务描述】

学生以企业制造部门 NC 数控程序员的身份进入 UG NX 11.0 CAM 功能模块，根据刀杆零件特征，制定合理的工艺路线，创建粗加工、精加工的操作，设置必要的加工参数，生成刀具路径，通过相应的后处理生成 G 代码，在 VERICUT 8.0 仿真软件上进行虚拟仿真加工，解决存在的问题和不足，并对操作过程中存在的问题进行研讨和交流，进而运用四轴加工中心对零件进行切削加工。

【工作任务】

按照零件加工要求,制定刀杆加工工艺;编制刀杆的加工程序;完成刀杆的仿真加工;确认数控程序正确无误后,在四轴加工中心完成零件加工。

任务 7.1　制订加工工艺

1. 刀杆零件分析

刀杆零件形状比较简单,但加工精度要求高,应根据零件特征制定合理的工艺。

2. 毛坯选用

零件材料为 45#。零件长度、外形尺寸在车床上已经精加工到位,无须再加工。

3. 制定数控加工工序卡

零件选用立式四轴联动加工中心(带 A 轴)加工,自定心三抓卡盘装夹,根据先粗后精、先面后孔的加工原则,制定数控加工工序卡,如表 7-1 所示。

表 7-1　数控加工工序卡

零件名称		刀杆		零件图		7-1		夹具名称		定心三抓卡盘
设备名称及型号				四轴加工中心 VMC600						
材料名称及牌号		45 钢		工序名称		四轴定向加工				
工步内容	切削参数			刀具						
	主轴转速	进给速度		编号	名称					
粗加工	4 500	2 000		T1	T1D16R0.8					
精加工	3 200	800		T2	T2D10					
中心钻	1 200	100		T3	T3ZZ					
钻孔	800	60		T4	T4Z12					
铰孔	300	30		T5	T5J14					
										××职业技术学院

任务 7.2　编制加工程序

(1)导入零件。在 UG NX 11.0 打开“7-1.prt”文件,进入建模模块界面,如图 7-1 所示。

图 7-1　建模模块界面

（2）复制零件创建毛坯。单击【视图】-【可见性】-【更多】-【复制至图层】，如图 7-2 所示，弹出类选择对话框，选择对象为整个"刀杆零件"，如图 7-3 所示，单击【确定】，弹出图层复制对话框，目标图层或类别输入为"10"，如图 7-4 所示，单击【确定】，完成复制零件。

图 7-2　复制至图层

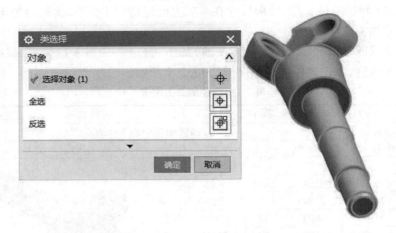

图 7-3　选择体

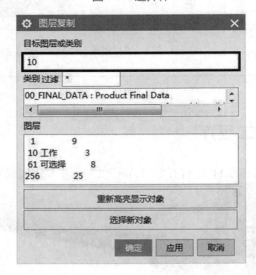

图 7-4　复制至图层

（3）创建毛坯。单击【主页】-【同步建模】-【删除面】，如图 7-5 所示，弹出"删除面"对话框，选择如图 7-6 所示的 21 个面，单击【确定】，结果如图 7-7 所示，完成毛坯的创建。

图 7-5　创建毛坯

注意事项

　　在删除面时要注意不要漏掉一些面,否则可能会使删除面后的结果有一些变形,进而会使编程生成的刀路不符合实际加工要求,例如在图 7-6 这里要注意不要漏选框内的小平面。

图 7-6　选择被删除面

图 7-7　毛坯创建结果

　　(4)进入加工模块。单击【应用模块】-【加工】,如图 7-8 所示,弹出加工环境对话框,【CAM 会话配置】选择"cam_general";【要创建的 CAM 组装】选择"mill_planar",如图 7-9 所示,单击【确定】,进入加工模块。

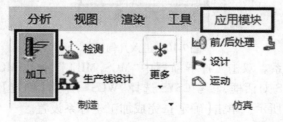

图 7-8　进入加工模块

　　(5)进入几何视图。在工序导航器空白处,单击鼠标右键,选择【几何视图】,如图 7-10 所示,进入几何视图。

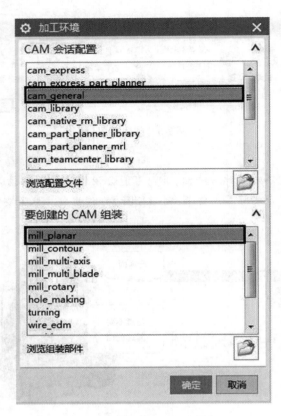

图 7-9　加工环境对话框

图 7-10　进入几何视图

（6）创建加工坐标系。双击工序导航器中"MCS_MILL"，弹出 MCS 铣削对话框，再单击【指定 MCS】，弹出 CSYS 对话框，参考 CSYS 选择"WCS"，单击【确定】，使加工坐标系和工作坐标系重合，如图 7-11 所示。单击【确定】，完成加工坐标系设置。

（7）指定毛坯。双击工序导航器中"MCS_MILL"下的"WORKPIECE"，弹出工件对话框，如图 7-12 所示。单击【指定毛坯】，弹出毛坯几何体对话框，选择整个"刀杆零件"，如图 7-13 所示，单击完成指定毛坯。

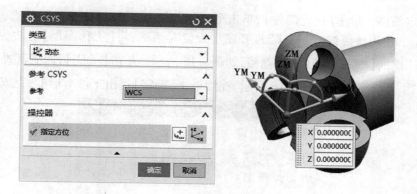

图 7-11　加工坐标系的设置

图 7-12　工件对话框

图 7-13　指定毛坯

（8）指定部件。单击【指定部件】，单击列表下的【移除】按钮来移除默认选择的部件，如图 7-14 所示。使用快捷键"Ctrl + L"打开图层设置对话框，将【工作图层】更改为"10"，然后单击图层"1"前的【√】将图层"1"隐藏，如图 7-15 所示。单击【关闭】，回到部件几何体对话框，选择整个"刀杆零件"，如图 7-16 所示，连续单击【确定】退出工件对话框，完成部件指定。

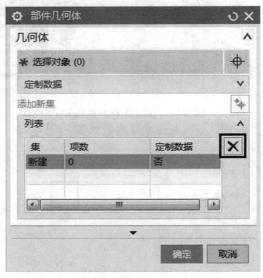

图 7-14　移除默认部件

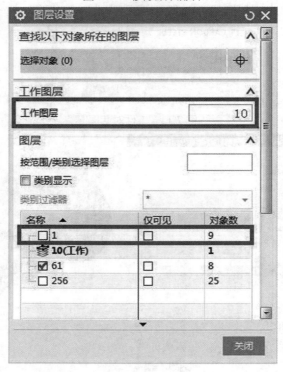

图 7-15　切换图层

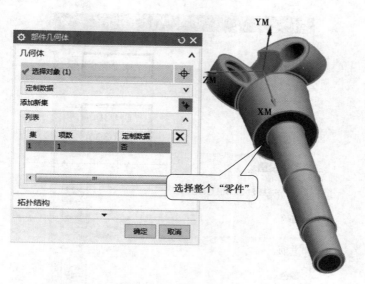

图 7-16　指定部件

（9）加工方法-铣削粗加工设置。在工序导航器空白处,单击鼠标右键,选择【加工方法视图】,双击"MILL_ROUGH",如图 7-17 所示。弹出铣削粗加工对话框,【部件余量】输入"0.2",【内公差】和【外公差】输入"0.03",如图 7-18 所示,单击【确定】,完成铣削粗加工设置。

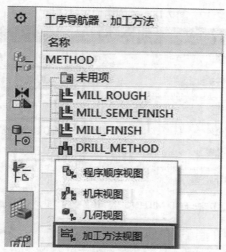

图 7-17　进入加工方法视图

（10）加工方法-铣削精加工设置。双击"MILL_FINISH",弹出铣削精加工对话框,【部件余量】输入"0",【内公差】和【外公差】输入"0.01",如图 7-19 所示,单击【确定】,完成铣削精加工设置。

（11）创建底壁加工粗加工工序。单击【主页】-【创建工序】,如图 7-20 所示,弹出创建工序对话框,类型选择"mill_planar",工序子类型选择【底壁加工】,程序选择【PROGRAM】,刀具选择【T1D16R0.8】,几何体选择【WORKPIECE】,方法选择【MILL_ROUGH】,如图 7-21 所示,单击【确定】,弹出底壁加工对话框,如图 7-22 所示。

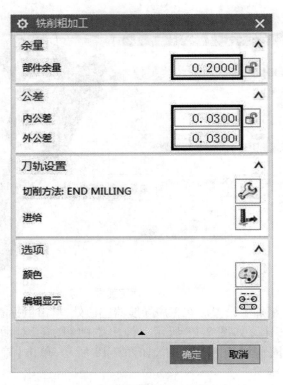

图 7-18　铣削粗加工对话框

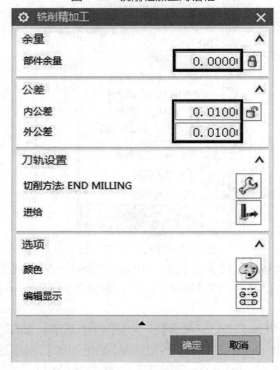

图 7-19　铣削精加工对话框

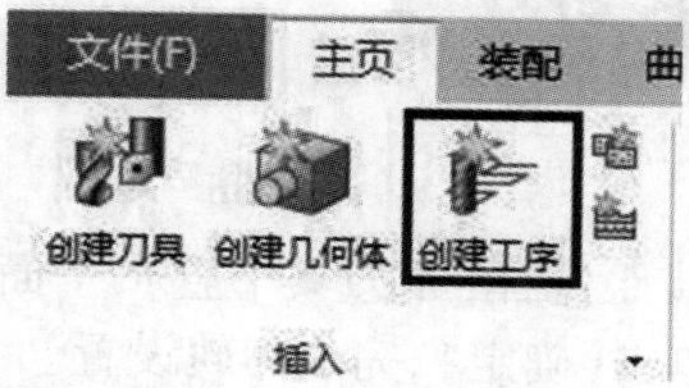

图 7-21　创建工序对话框

图 7-20　创建工序

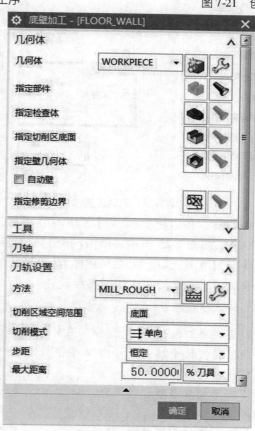

图 7-22　底壁加工对话框

（12）底壁加工切削区域底面选择。单击【指定切削区底面】，弹出切削区域对话框，选择如图7-23所示的面，单击【确定】，完成切削区域底面选择。

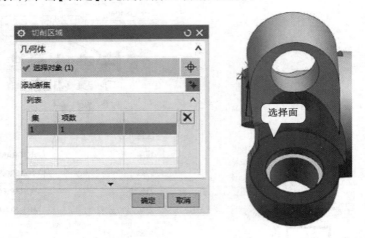

选择面

图7-23　指定切削底面

（13）底壁加工刀轨设置。切削模式选择【跟随部件】，步距选择【%刀具平直】，平面直径百分比输入"75"，每刀切削深度输入"1"，如图7-24所示，单击【确定】，完成刀轨设置。

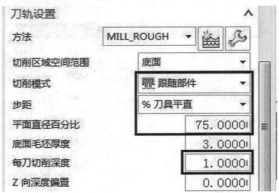

图7-24　刀轨设置

（14）底壁加工切削参数设置。单击【切削参数】，弹出切削参数对话框，单击【余量】选项卡，【最终底面余量】输入"0.3"，如图7-25所示。单击【拐角】选项卡，凸角选择为【绕对象滚动】，如图7-26所示。单击【空间范围】选项卡，毛坯选择为【毛坯几何体】，其余选项卡参数保持默认即可，如图7-27所示，单击【确定】，完成切削参数设置。

相关知识

拐角下拉列表：用于设置突角刀轨形状，包括如下三种类型：

绕对象滚动：系统将通过在刀轨中插入等于刀具半径的圆弧，保持刀具与材料余量相接触，拐角变成了圆弧的中心。

延伸并修剪：系统将在尖角处对刀路进行修剪。

延伸：仅可应用于沿着壁的刀路。

毛坯下拉列表：用于设置毛坯的加工类型，包括如下三种类型：

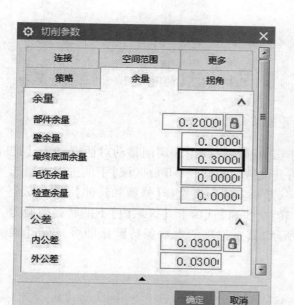

图 7-25 余量选项卡

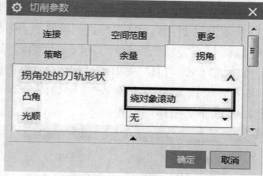

图 7-26 拐角选项卡

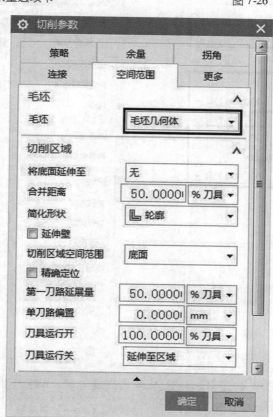

图 7-27 空间范围选项卡

厚度:激活其下的"底面毛坯厚度"和"壁毛坯厚度"文本框。用户可输入相应的数值以分别确定底面和侧壁的毛坯厚度值。

毛坯几何体:按照工件几何体或铣削几何体中已提前定义的毛坯几何体进行计算和预览。

3D IPW:按照前面工序加工后的 IPW 进行计算和预览。

（15）底壁加工非切削移动设置。单击【非切削移动】,弹出非切削移动对话框,单击【进刀】选项卡,【封闭区域】下的进刀类型选择【与开放区域相同】,【开放区域】下的进刀类型选择【圆弧】,半径输入"65% 刀具",高度输入"1",最小安全距离选择【修剪和延伸】,最小安全距离输入"65% 刀具",如图 7-28 所示。单击【转移/快速】选项卡,【区域内】下的转移类型为【前一平面】,安全距离输入"3",如图 7-29 所示,其余选项卡参数保持默认即可,单击【确定】,完成非切削移动设置。

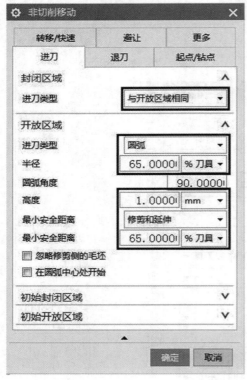

图 7-28　进刀设置

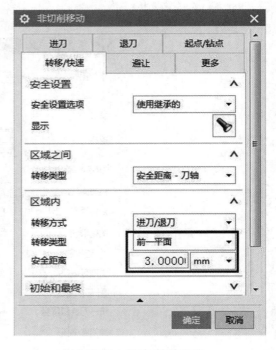

图 7-29　转移/快速设置

相关知识

最小安全距离:用于定义沿形状斜进刀或螺旋进刀时,工件内非切削区域与刀具之间的最小安全距离。包括如下三种类型:

无:不设最小安全距离。

修剪和延伸:沿进刀路线将快速进刀结束时与工件的距离增加或减少到最小安全距离。

仅延伸:仅沿进刀路线将快速进刀结束时与工件的距离增加到最小安全距离。(进刀结束时与工件的距离大于最小安全距离的不修剪。)

(16)底壁加工进给率和速度设置。单击【进给率和速度】,弹出进给率和速度对话框,主轴速度输入"4 500",切削输入"2 000",如图 7-30 所示,单击【确定】,完成进给率和速度设定。

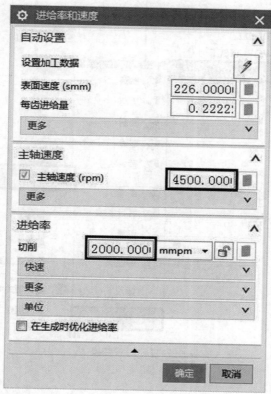

图 7-30　转速进给设置

(17)底壁加工刀轨生成。单击【生成】,结果如图 7-31 所示,单击【确定】,完成底壁加工粗加工刀轨创建。

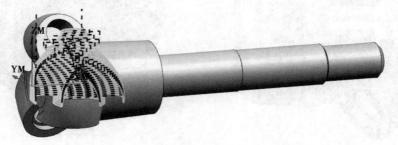

图 7-31　生成刀轨

(18)底壁加工变换刀轨。在工序导航器中右键单击"FLOOR_WALL"程序,单击【对象】→【变换】,如图 7-32 所示,弹出变换对话框,类型选择【绕直线旋转】,直线方法选择【两点法】,选择旋转轴线上的两点,如图 7-33、图 7-34 所示,角度输入"120",结果选择【复制】,非关联副本数输入"2",如图 7-35 所示,单击【确定】,结果如图 7-36 所示,完成底壁加工粗加工刀轨变换。

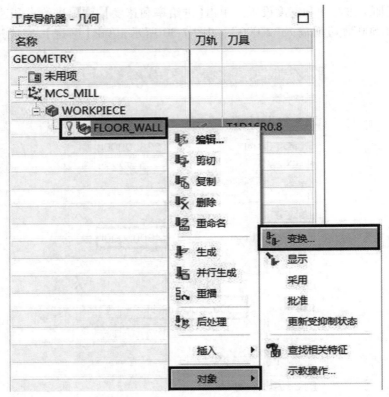

图 7-32　对象变换

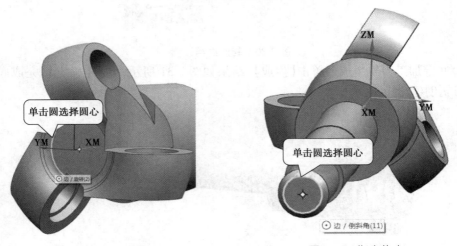

图 7-33　指定起点　　　　　　　　图 7-34　指定终点

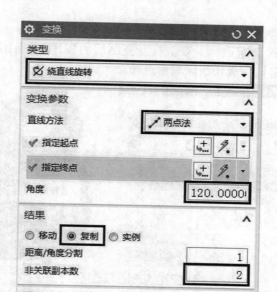

图 7-35　变换设置

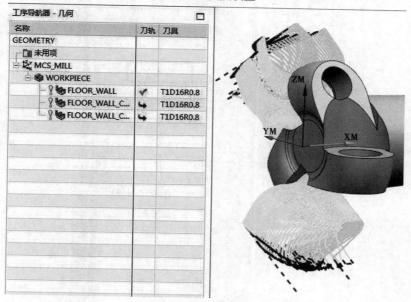

图 7-36　变换结果

注意事项

非关联副本数表示生成对象的个数,而不是总的个数。

(19)复制底壁加工粗加工工序。复制"FLOOR_WALL"程序到"WORKPIECE"下,完成底壁加工粗加工工序复制。

（20）底壁加工切削区底面选择。双击打开复制后的程序,重新指定切削区底面为如图 7-37 所示的面,单击【确定】,完成切削区底面选择。

图 7-37　切削区域选择

（21）底壁加工切削参数设置。单击【切削参数】,弹出切削参数对话框,单击【余量】选项卡,部件余量输入"0",最终底面余量输入"0.3",如图 7-38 所示。单击【连接】选项卡,开放刀路选择【变换切削方向】,如图 7-39 所示。单击【空间范围】选项卡,毛坯选择【厚度】,底面毛坯厚度输入"6.5",简化形状选择【最小包围盒】,如图 7-40 所示,其余选项卡参数保持默认即可,单击【确定】,完成切削参数设置。

图 7-38　余量设置

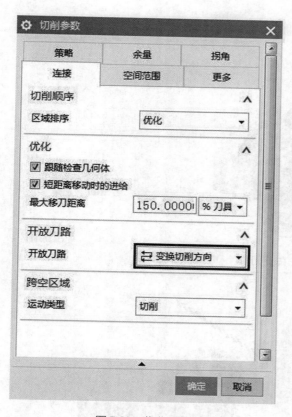

图 7-39 优化刀轨

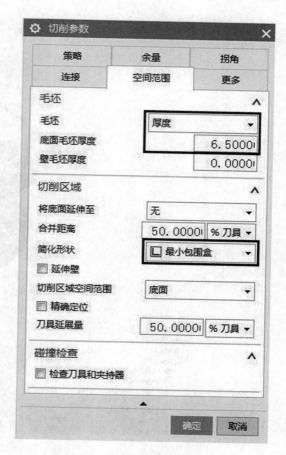

图 7-40 空间范围设置

相关知识

简化形状：用于设置刀具的走刀路线相对于加工区域轮廓的简化形状。包括如下三种类型：

轮廓：选择轮廓选项时，刀路轨迹如图 7-41（a）所示。

凸包：选择凸包选项时，刀路轨迹如图 7-41（b）所示。

最小包围盒：选择最小包围盒选项时，刀路轨迹如图 7-41（c）所示。

（a）轮廓   （b）凸包   （c）最小包围盒

图 7-41 刀路轨迹

（22）底壁加工工序生成。单击【生成】，结果如图 7-42 所示，单击【确定】，完成底壁加工粗加工工序。

（23）底壁加工变换刀轨。方法与前面步骤一样，结果如图 7-43 所示，完成底壁加工粗加工刀轨变换。

图 7-42　生成刀轨

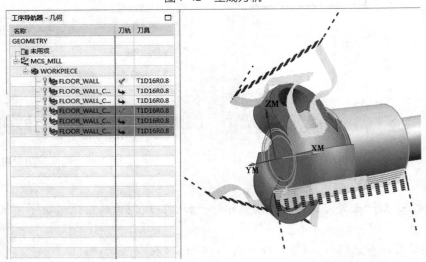

图 7-43　变换结果

（24）创建底壁加工精加工工序。复制"FLOOR_WALL"程序到"WORKPIECE"下，完成底壁加工精加工工序创建。

（25）底壁加工刀轨设置。双击打开复制后的程序，刀轨设置下的方法选择【MILL_FINISH】，完成刀轨设置。

（26）底壁加工切削参数设置。单击【切削参数】，弹出切削参数对话框，单击【余量】选项卡，部件余量输入"0.2"，最终底面余量输入"0"，单击【空间范围】选项卡，毛坯选择【厚度】，底面毛坯厚度输入"0.3"，其余选项卡参数保持默认即可，单击【确定】，完成切削参数设置。

（27）底壁加工进给率和速度设置。单击【进给率和速度】，弹出进给率和速度对话框，主轴速度输入"5 500"，切削输入"600"，单击【确定】，完成进给率和速度设定。

（28）底壁加工工序生成。单击【生成】，结果如图 7-44 所示。单击【确定】，完成底壁加工刀轨精加工工序。

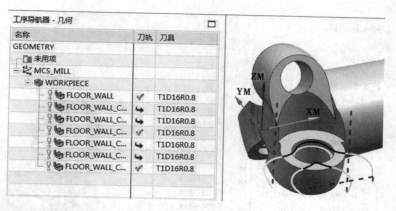

图 7-44　生成刀轨

（29）底壁加工变换刀轨。方法与前面步骤一样，结果如图 7-45 所示，完成底壁加工精加工工序变换。

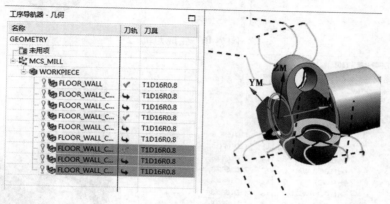

图 7-45　生成刀轨

（30）复制底壁加工精加工工序。复制"FLOOR_WALL_COPY_2"程序到"WORKPIECE"下，完成底壁加工精加工工序复制。

（31）底壁加工刀轨设置。双击打开复制后的程序，刀轨设置下的方法选择【MILL_FINISH】，完成刀轨设置。

（32）底壁加工切削参数设置。单击【切削参数】，弹出切削参数对话框，单击【余量】选项卡，最终底面余量输入"0"，单击【空间范围】选项卡，底面毛坯厚度输入"0.3"，简化形状选择【凸包】，其余选项卡参数保持默认即可，单击【确定】，完成切削参数设置。

（33）底壁加工进给率和速度设置。单击【进给率和速度】，弹出进给率和速度对话框，主轴速度输入"5 500"，切削输入"600"，单击【确定】，完成进给率和速度参数设置。

（34）底壁加工刀轨生成，单击【生成】，结果如图 7-46 所示，完成底壁加工精加工刀轨工序。

（35）底壁加工刀轨变换。方法与前面步骤一样，结果如图 7-47 所示，单击【确定】，完成底壁加工精加工工序变换。

（36）复制底壁加工精加工工序。复制"FLOOR_WALL_COPY_3"程序到"WORKPIECE"下，完成底壁加工精加工工序复制。

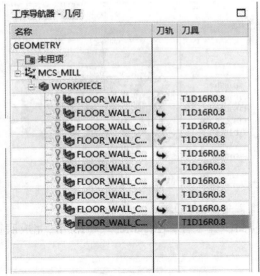

图 7-46　生成刀轨

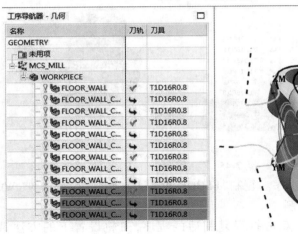
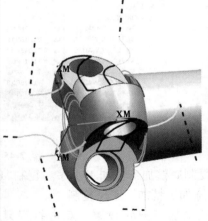

图 7-47　变换结果

（37）底壁加工工具设置。双击打开复制后的程序，【工具】选项卡下的刀具选择【T2D10】。

（38）底壁加工刀轨设置。刀轨设置下的切削模式选择【轮廓】。

（39）底壁加工切削参数设置。单击【切削参数】，弹出切削参数对话框，单击【余量】选项卡，部件余量输入"0"，其余选项卡参数保持默认即可，单击【确定】，完成切削参数设置。

（40）底壁加工进给率和速度参数设置。单击【进给率和速度】，弹出进给率和速度对话框，主轴速度输入"3 200"，切削输入"800"，单击【确定】，完成进给率和速度参数设置。

（41）底壁加工刀轨生成，单击【生成】，结果如图 7-48 所示，完成底壁加工精加工刀轨创建。

（42）底壁加工变换刀轨。方法与前面步骤一样，结果如图 7-49 所示，完成底壁加工精加工刀轨变换。

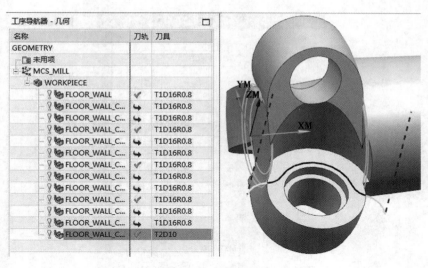

图 7-48　生成刀轨

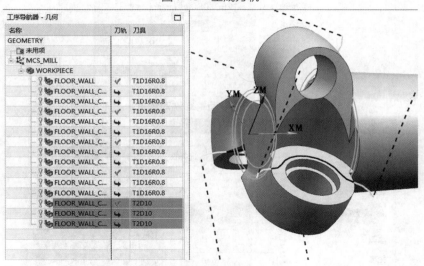

图 7-49　变换结果

（43）创建平面轮廓铣精加工工序。单击【主页】→【创建工序】，弹出创建工序对话框，类型选择【mill_planar】，工序子类型选择【平面轮廓铣】，刀具选择【T2D10】，几何体选择【WORKPIECE】，方法选择【MILL_FINISH】，单击【确定】，弹出平面轮廓铣对话框，如图 7-50所示。

（44）平面轮廓铣部件边界选择。单击【指定部件边界】，弹出边界几何体对话框，模式选择【曲线/边】，弹出创建边界对话框，类型选择【开放】，平面选择【用户自定义】，选择如图7-51所示的面，单击【确定】，回到创建边界对话框，材料侧选择【左】，刀具位置选择【相切】，选择如图 7-52 所示的线，单击【确定】，完成创建边界参数设置。再单击【确定】关闭边界几何体对话框，完成平面轮廓铣部件边界选择。

（45）平面轮廓铣底面选择。单击【指定底面】，弹出平面对话框，选择如图 7-53 所示的面，单击【确定】关闭平面对话框。

227

图 7-50　平面轮廓铣对话框

图 7-51　指定平面

（46）平面轮廓铣刀轴设置。单击【刀轴】选项卡，轴选择【指定矢量】，指定矢量选择【面/平面法向】，如图 7-54 所示，选择如图 7-55 所示的面，完成刀轴设置。

（47）平面轮廓铣非切削移动设置。单击【非切削移动】，弹出非切削移动对话框，单击【进刀】选项卡，【封闭区域】下的进刀类型选择【与开放区域相同】，【开放区域】下的进刀类型选择【圆弧】，半径输入"35"，最小安全距离选择【修剪和延伸】，最小安全距离为"65% 刀具"，如图 7-56 所示，其余选项卡参数保持默认即可，单击【确定】，完成非切削移动设置。

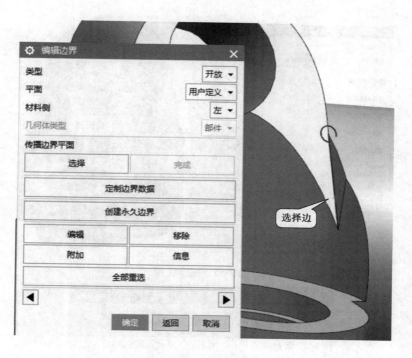

图 7-52　选择边

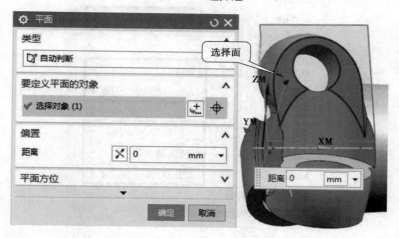

图 7-53　指定底面

图 7-54　刀轴设置

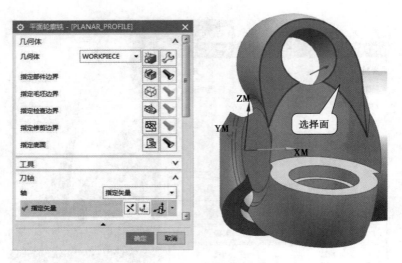

图 7-55　指定矢量

图 7-56　进刀设置

　　(48)平面轮廓铣进给率和速度设定。单击【进给率和速度】,弹出进给率和速度对话框,主轴速度输入"3 200",切削输入"800",如图 7-57 所示,单击【确定】,完成进给率和速度参数设置。

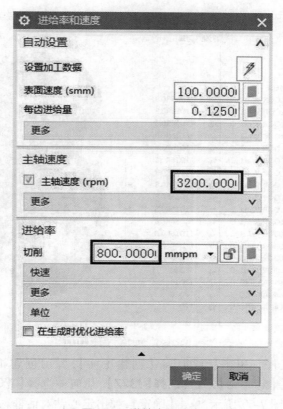

图 7-57　进给率和速度

（49）平面轮廓铣刀轨生成，单击【生成】，结果如图 7-58 所示，完成平面轮廓铣精加工刀轨创建。

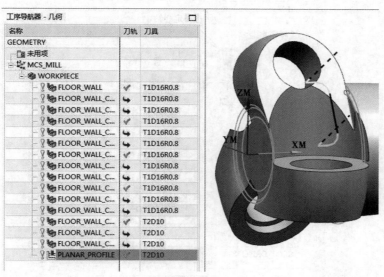

图 7-58　生成刀轨

（50）平面轮廓铣变换刀轨。方法与前面步骤一样，结果如图 7-59 所示，完成平面轮廓铣精加工刀轨变换。

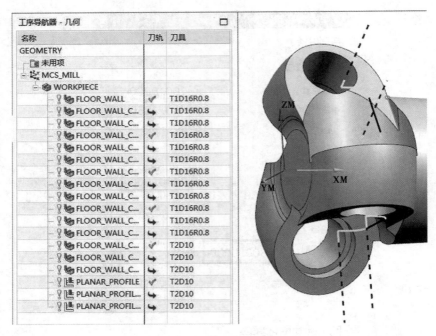

图 7-59　变换刀轨

（51）创建定心钻工序。单击【主页】→【创建工序】，弹出创建工序对话框，类型选择【drill】，工序子类型选择【定心钻】，刀具选择【T3ZZ】，几何体选择【WORKPIECE】，方法选择【DRILL_METHOD】，如图 7-60 所示，单击【确定】，弹出定心钻对话框，完成定心钻工序创建。

图 7-60　创建工序对话框

（52）定心钻孔的选择。单击【指定孔】，弹出点到点几何体对话框，单击【选择】，选择如图 7-61 所示孔边线，单击【确定】，回到点到点几何体对话框，其余选项卡参数保持默认即可，单击【确定】，完成定心钻孔的选择。

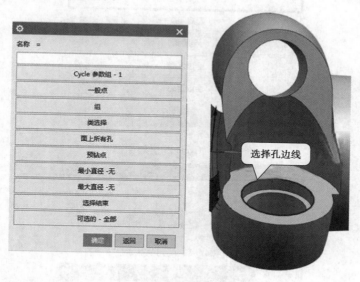

图 7-61 指定孔

（53）定心钻顶面选择。单击【指定顶面】，弹出顶面对话框，顶面选择【面】，单击选择如图 7-62 所示的面，单击【确定】，完成定心钻顶面选择。

图 7-62 指定顶面

（54）定心钻循环类型设置。单击【循环类型】选项卡，循环选择【标准钻...】，单击【编辑参数】，弹出指定参数组对话框，单击【确定】，弹出 Cycle 参数对话框，单击【Depth】，弹出 Cycle 深度对话框，如图 7-63 所示，单击【刀尖深度】，深度输入"6"，如图 7-64 所示，单击【确定】，回到 Cycle 深度对话框，进给率输入"100"，其余选项卡参数保持默认即可，如图 7-65 所示，单击【确定】，完成循环类型参数设置。

（55）定心钻刀轨设置。单击刀轨设置选项卡下的避让，单击【Clearance Plane】，弹出安全平面对话框，单击【指定】，选择如图 7-66 所示的面，偏置下的距离输入"50"，其余选项卡参数保持默认即可，单击【确定】，回到定心钻对话框，完成定心钻刀轨设置。

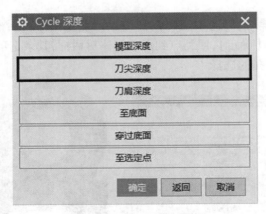

图 7-63 Cycle 深度对话框

图 7-64 输入刀尖深度

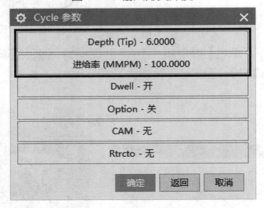

图 7-65 循环设置

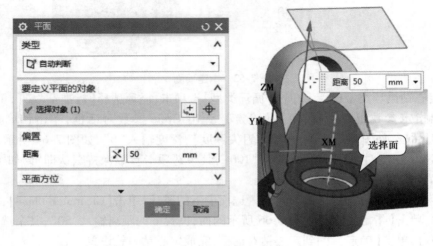

图 7-66 安全平面设置

（56）定心钻进给率和速度设置。单击【进给率和速度】，弹出进给率和速度对话框，主轴转速输入"1 200"，单击【确定】，完成进给率和速度设置。

（57）定心钻刀轨生成，单击【生成】，如图 7-67 所示，完成定心钻刀轨工序。

（58）定心钻变换刀轨。方法与前面步骤一样，结果如图 7-68 所示，完成定心钻刀轨变换。

 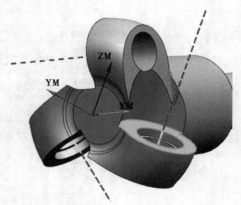

图 7-67　生成刀轨　　　　　　　　　　　　　　图 7-68　变换刀轨

（59）创建断屑钻工序。单击【主页】→【创建工序】，弹出创建工序对话框，类型选择【drill】，工序子类型选择【断屑钻】，刀具选择【T4Z12】，几何体选择【WORKPIECE】，方法选择【DRILL_METHOD】，如图 7-69 所示，单击【确定】，弹出断屑钻对话框。

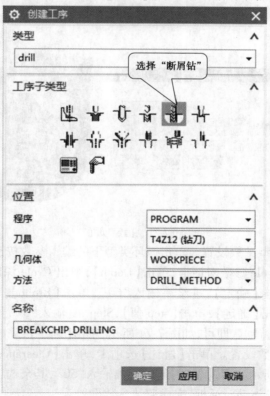

图 7-69　创建工序

(60)断屑钻孔的选择。单击【指定孔】,弹出点到点几何体对话框,单击【选择】,选择如图 7-70 所示的孔边线,单击【确定】,其余选项卡参数保持默认即可,单击【确定】关闭对话框,完成孔的选择。

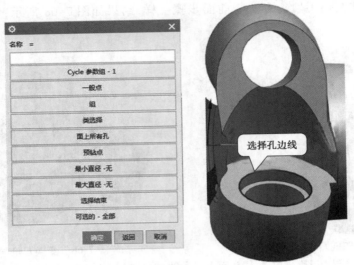

图 7-70　指定孔

(61)断屑钻顶面选择。单击【指定顶面】,弹出顶面对话框,选择如图 7-71 所示的面,单击【确定】,完成顶面选择。

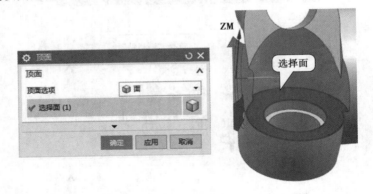

图 7-71　指定顶面

(62)断屑钻循环类型参数设置。单击循环类型下的编辑参数按钮,弹出指定参数组对话框,单击【确定】,弹出 Cycle 参数对话框,单击【Depth】,弹出 Cycle 深度对话框,单击【刀尖深度】,深度输入"20",单击【确定】,进给率输入"60",单击【Rtrcto】,单击【距离】,退刀输入"1",如图 7-72 所示,单击【确定】,单击【step 值】,Step #1 输入"3",如图 7-73 所示,单击【确定】,其余选项卡参数保持默认即可,如图 7-74 所示,单击【确定】,完成循环类型参数设定。

(63)断屑钻避让参数设置。单击【避让】选项卡,单击【Clearance Plane】,弹出安全平面对话框,指定如图 7-75 所示的面,【偏置】下的距离输入"50",其余选项卡参数保持默认即可,连续单击【确定】,回到断屑钻对话框,完成避让参数设置。

图 7-72　退刀距离设置

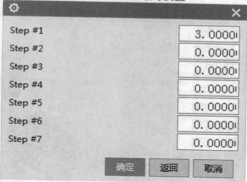

图 7-73　每刀深度设置

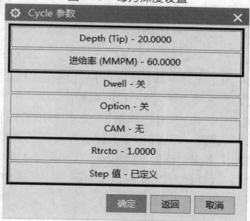

图 7-74　循环参数设置

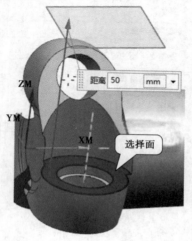

图 7-75　指定安全平面

（64）断屑钻进给率和速度参数设置。单击【进给率和速度】，弹出进给率和速度对话框，主轴转速输入"800"，单击【确定】，完成进给率和速度参数设置。

（65）断屑钻刀轨生成，单击【生成】，如图 7-76 所示，完成断屑钻刀轨创建。

（66）断屑钻变换刀轨。方法与前面步骤一样，结果如图 7-77 所示，完成断屑钻刀轨变换。

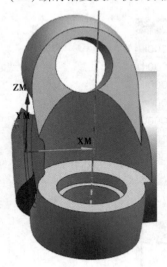

图 7-76　生成刀轨

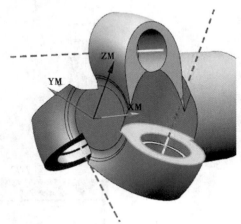

图 7-77　变换刀轨

（67）创建平面轮廓铣粗加工工序。单击【主页】→【创建工序】，弹出创建工序对话框，类型选择【mill_planar】，工序子类型选择【平面轮廓铣】，刀具选择【T2D10】，几何体选择【WORKPIECE】，方法选择【MILL_ROUGH】，单击【确定】，弹出平面轮廓铣对话框。

（68）平面轮廓铣部件边界选择。单击【指定部件边界】，模式选择【曲线/边】，类型选择【封闭】，平面选择【用户定义】，弹出平面对话框，选择如图 7-78 所示的面，单击【确定】，材料侧选择【外侧】，刀具位置选择【相切】，选择如图 7-79 所示孔边线，单击【确定】，完成部件边界选择。

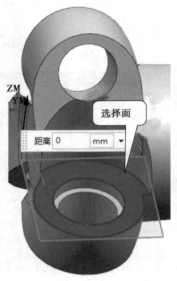

图 7-78　指定平面

图 7-79　指定部件边界设置

（69）平面轮廓铣底面选择。单击【指定底面】，弹出平面对话框。选择如图 7-80 所示的面，单击【确定】，完成底面选择。

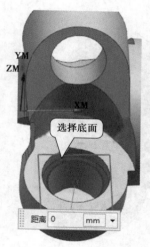

图 7-80　指定底面

（70）平面轮廓铣非切削移动参数设置。单击【非切削移动】，弹出非切削移动对话框，单击【起点/钻点】选项卡，单击【预钻点】，选择如图 7-81 所示的点，其余选项卡参数保持默认即可，单击【确定】，完成非切削移动参数设置。

（71）平面轮廓铣进给率和速度参数设置。单击【进给率和速度】，弹出进给率和速度对话框，主轴速度输入"2 500"，切削输入"1 000"，单击【确定】，完成进给率和速度参数设置。

（72）平面轮廓铣刀轨生成，单击【生成】，如图 7-82 所示，完成平面轮廓铣粗加工刀轨创建。

（73）平面轮廓铣变换刀轨。方法与前面步骤一样，结果如图 7-83 所示，完成平面轮廓铣粗加工刀轨变换。

（74）复制平面轮廓铣粗加工工序。复制"PLANAR_PROFILE_1"程序到"WORKPIECE"下，完成平面轮廓铣粗加工工序复制。

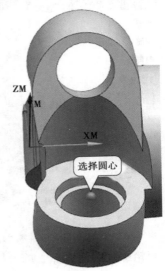

图 7-81　预钻孔设置

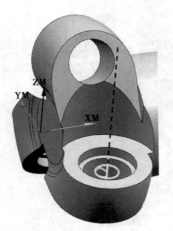

图 7-82　生成刀轨

图 7-83　变换刀轨

（75）平面轮廓铣部件边界选择。双击打开复制后的程序，单击【指定部件边界】，弹出指定部件边界对话框，重选如图 7-84 所示的边界，单击【确定】，完成部件边界选择。

（76）平面轮廓铣底面选择。单击【指定底面】，弹出平面对话框，选择如图 7-85 所示的面，偏置下的距离输入"－16"，单击【确定】，完成底面选择。

（77）平面轮廓铣刀轨设置。单击【刀轨设置】选项卡，部件余量输入"0.15"，完成刀轨设置。

（78）平面轮廓铣非切削移动参数设置。单击【非切削移动】，弹出非切削移动对话框，【进刀】选项卡下的【封闭区域】的进刀类型选择【与开放区域相同】，【开放区域】的进刀类型选择【线性】，最小安全距离输入"1"，如图 7-86 所示，其余选项卡参数保持默认即可，单击【确定】，完成非切削移动参数设置。

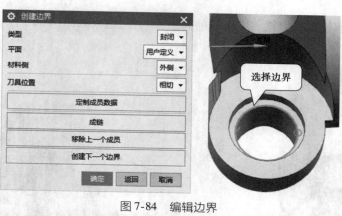

图 7-84　编辑边界

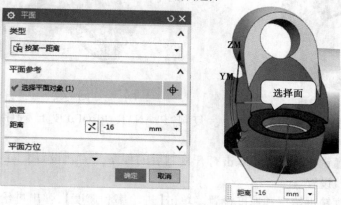

图 7-85　指定底面

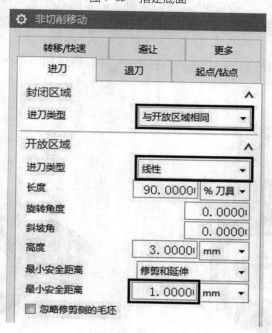

图 7-86　进刀设置

（79）平面轮廓铣刀轨生成，单击【生成】，如图 7-87 所示，完成平面轮廓铣精加工刀轨创建。

（80）平面轮廓铣变换刀轨。方法与前面步骤一样，结果如图7-88所示，完成平面轮廓铣精加工刀轨变换。

图7-87　生成刀轨

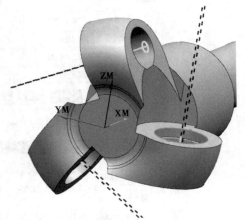

图7-88　变换刀轨

（81）复制平面轮廓铣粗加工工序。复制"PLANAR_PROFILE_1"程序到"WORKPIECE"下，完成平面轮廓铣粗加工工序复制。

（82）平面轮廓铣刀轨设置。双击打开复制后的程序，【刀轨设置】下的方法改为【MILL_FINISH】，完成刀轨设置。

（83）平面轮廓铣进给率和速度设置。单击【进给率和速度】，弹出进给率和速度对话框，主轴速度输入"3 200"，切削输入"600"，单击【确定】，完成进给率和速度设置。

（84）平面轮廓铣刀轨生成。单击【生成】，如图7-89所示，完成平面轮廓铣精加工刀轨创建。

（85）平面轮廓铣变换刀轨。方法与前面步骤一样，结果如图7-90所示，完成平面轮廓铣精加工刀轨变换。

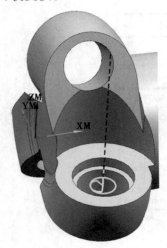

图7-89　生成刀轨

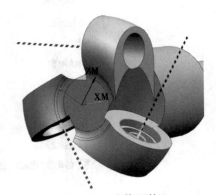

图7-90　变换刀轨

（86）创建铰孔工序。单击【主页】→【创建工序】，弹出创建工序对话框，类型选择

【drill】,工序子类型选择【铰】,刀具选择【T5J14】,几何体选择【WORKPIECE】,方法选择
【DRILL_METHOD】,如图 7-91 所示,单击【确定】,弹出铰对话框。

图 7-91　创建工序

（87）铰孔的选择。单击【指定孔】,弹出点到点几何体对话框,单击【选择】,选择如图 7-92
所示的孔边线,单击【确定】,其余选项卡参数保持默认即可,再单击【确定】,完成孔的选择。

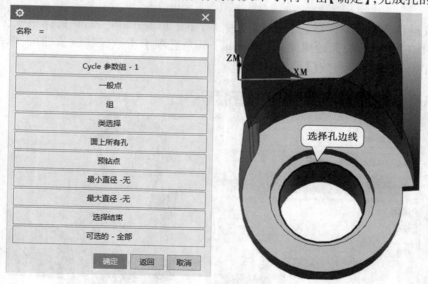

图 7-92　指定孔

（88）铰顶面选择。单击【指定顶面】,弹出顶面对话框,选择如图 7-93 所示的面,单击【确
定】完成顶面选择。

图 7-93　指定顶面

（89）铰循环类型参数设置。单击【循环类型】下的【编辑参数】按钮，弹出指定参数组对话框，单击【确定】，弹出 Cycle 参数对话框，单击【Depth】，弹出 Cycle 深度对话框，单击【刀尖深度】，深度输入"20"，单击【确定】，进给率输入"30"，如图 7-94 所示，其余选项卡参数保持默认即可，单击【确定】，完成循环类型参数设定。

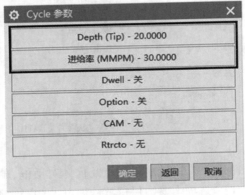

图 7-94　钻孔深度与进给率

（90）铰避让参数设置。单击【避让】选项卡，单击【Clearance Plane】，弹出安全平面对话框，选择如图 7-95 所示的面距离输入"50 mm"，其余选项卡参数保持默认即可，单击【确定】，回到铰对话框，完成避让参数设置。

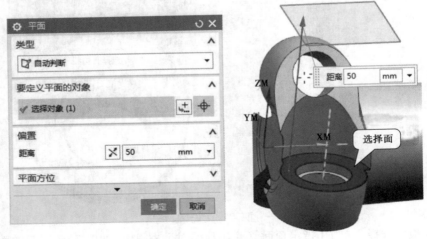

图 7-95　安全距离设置

(91)铰进给率和速度参数设置。单击【进给率和速度】,弹出进给率和速度对话框,主轴速度为"300",单击【确定】,完成进给率和速度参数设置。

(92)铰生成刀轨。单击【生成】,结果如图 7-96 所示,完成铰刀轨生成。

(93)铰变换刀轨。方法与前面步骤一样,结果如图 7-97 所示,完成铰刀轨变换。

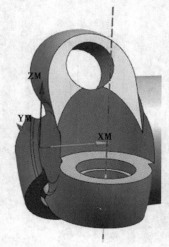

图 7-96 生成刀轨

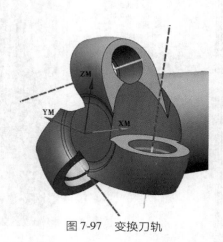

图 7-97 变换刀轨

任务 7.3 VERICUT 仿真加工

(1)新建项目。打开 VERICUT 软件,菜单栏单击【文件】→【新项目】,弹出【新的 VERICUT 项目】对话框,单击浏览新的项目文件名,弹出【选择项目文件】对话框,选择存放路径,单击【新文件夹】,弹出【新次级文件夹名】对话框,输入【7-1】,单击【确认】→【确认】,将【没有命名的_】改为【7-1】,单击【确认】,如图 7-98 所示。

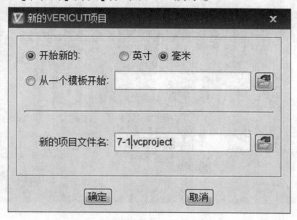

图 7-98 命名为【7-1】

(2)双击项目树的【控制】,弹出【打开控制系统】对话框,打开【素材】文件夹,再打开【仿真素材】文件夹,选择【仿真系统】中的【4axis. ctl】控制系统。双击项目树的【机床】,弹出【打开机床】对话框,选择【仿真机床】文件夹中的【4axis. mch】文件,如图 7-99 所示。

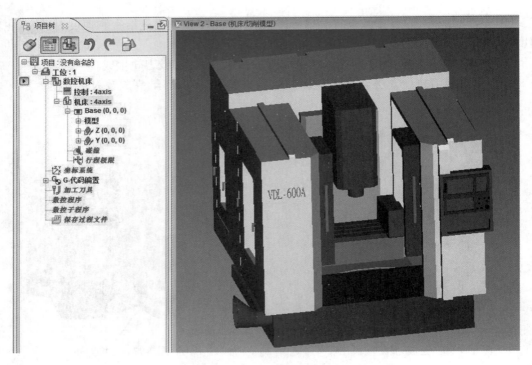

图 7-99　添加系统和机床文件

（3）添加夹具。右键单击【Fixture】→【添加模型】→【模型文件】，选择【4axis】文件夹内三爪卡盘 1. stl、三爪卡盘 2. stl、三爪卡盘 3. stl、三爪卡盘 4. stl 等文件，单击【打开】，（可更改 3 活动爪颜色，提高仿真可视效果）如图 7-100 所示。

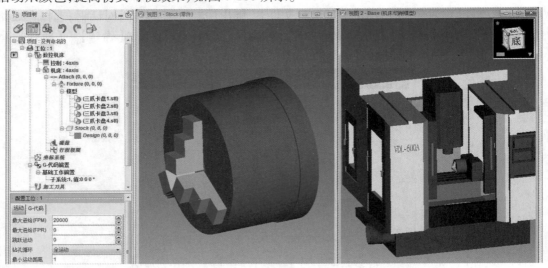

图 7-100　添加夹具结果

（4）添加毛坯。右键单击【Stock】→【添加模型】→【模型文件】，弹出打开对话框，选择【素材】→【仿真素材】→【仿真毛坯】→【7-1 毛坯. stl】，结果如图 7-101 所示。

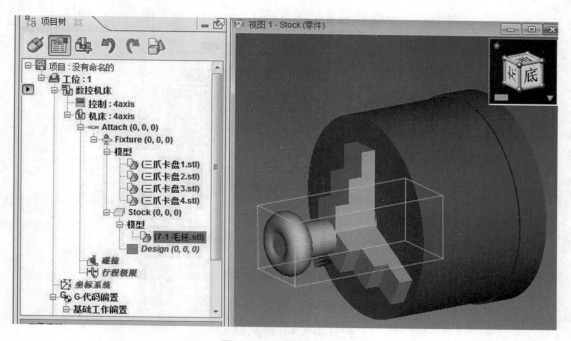

图 7-101 添加毛坯结果

（5）设置坐标系统。选择项目树的【坐标系统】，单击【添加新的坐标系】，选择 CSYS 选项卡，位置值修改为（−23 0 0），修改结果如图 7-102 所示。

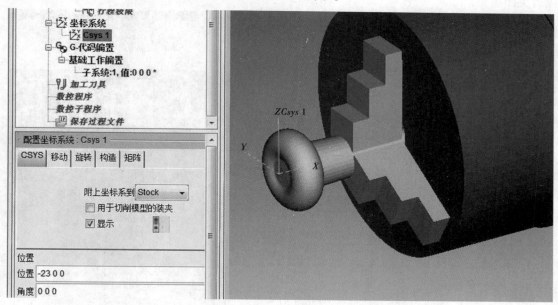

图 7-102 添加坐标系统结果

（6）设置 G-代码偏置。选择项目树的【G-代码偏置】，单击选择偏置名为【程序零点】，单击添加，进入配置程序零点，定位方式从【组件】【Tool】到【坐标原点】【Csys 1】，如图 7-103 所示。

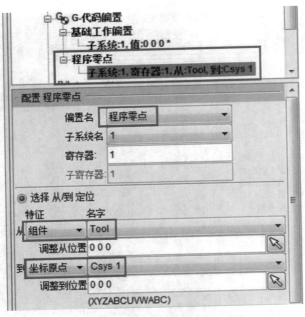

图 7-103　G-代码偏置设定

（7）添加刀具。双击项目树的【加工刀具】，弹出刀具管理器对话框，选择工具条【打开文件】，打开【素材】→【仿真素材】→【仿真刀具】→【7-1-TOOL】，单击打开，如图 7-104 所示。完成后关闭窗口。

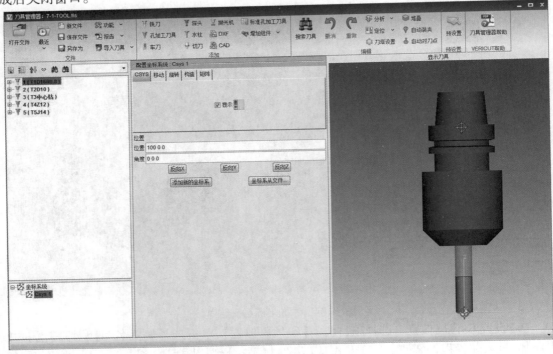

图 7-104　添加刀具

（8）后置处理加工程序。在 UG 软件的工序导航器中选择几何视图,右键单击【WORKPIECE】文件,选择【后处理】,弹出后处理对话框,后处理器选择【4axis】（先安装 4axis 的后处理）,单击浏览查找输出文件,弹出指定 NC 输出对话框,将文件指定目录为【7-1】项目文件夹的目录下,如图 7-105 所示,单击确认,生成 NC 代码,如图 7-106 所示。

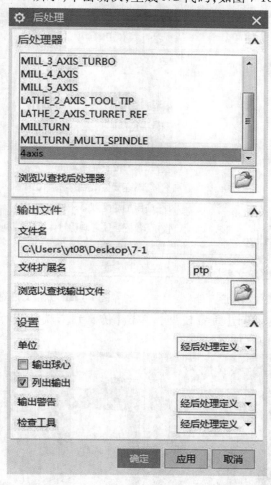

图 7-105　后处理选择

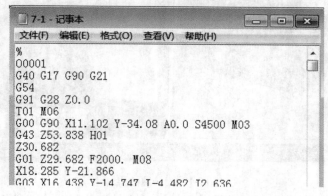

图 7-106　生成 NC 代码

（9）添加数控程序。右键单击项目树的【数控程序】，选择【添加数控程序文件】，选择【7-1. ptp】文件，单击确认，如图 7-107 所示。

（10）编辑仿真编程方法。单击项目树的【工位 1】，在配置工位：1 上选择 G-代码选项卡，修改编程方法为【刀尖】，如图 7-108 所示。

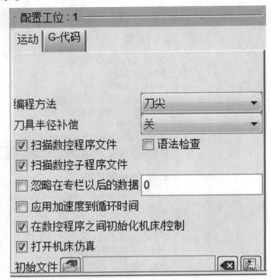

数控程序
 7-1.ptp
数控子程序
 保存过程文件

图 7-107　添加数控程序　　　　　　图 7-108　编程方法选择

（11）完成零件仿真。单击【重置模型】，单击【仿真到末端】，进行程序仿真加工，结果如图 7-109 所示，完成零件仿真加工。

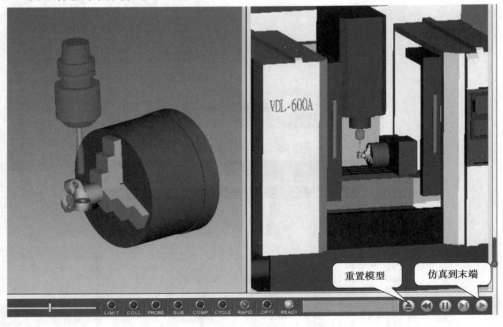

图 7-109　仿真结果

（12）保存项目文件。单击菜单栏的【文件】→【文件汇总】，弹出文件汇总对话框，单击左上角位置的【拷贝】,选择【7-1】文件目录,单击【确定】,弹出对话框,单击【所以全是】,关闭对话框,保存结果如图 7-110 所示。

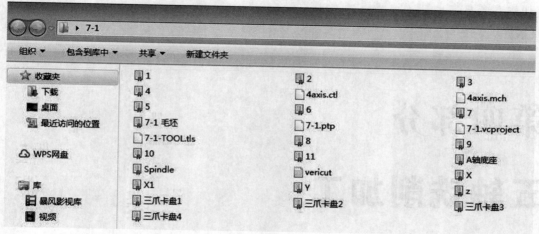

图 7-110　保存项目文件

第四部分

五轴铣削加工

　　本书第四部分主要介绍 UG NX 11.0 五轴加工的应用和 VERICUT 8.0 仿真加工的应用,通过典型的五轴数控加工案例介绍了具体的加工方法。重点介绍了 3+2 零件、叶轮零件的五轴定向与五轴联动的加工。读者可参考书中的案例所给出的加工工艺及方法,完成类似零件的编程、仿真及加工。

项目八

3 + 2 零件的数控编程与 VERICUT 仿真加工

【教学目标】

能力目标:能运用 UG NX 11.0 软件完成 3 + 2 零件的编程。

能运用 VERICUT 8.0 软件对零件进行虚拟仿真加工。

能使用加工中心五轴设备对零件进行切削加工。

知识目标:掌握五轴加工铣削基础设置。

掌握五轴定向加工的应用。

掌握五轴联动加工的应用。

知识目标:激发学生自主学习的兴趣,培养学生的团队合作精神和创新精神。

【项目导读】

3 + 2 零件属于五轴加工类零件。本项目应用五轴加工中心对 3 + 2 零件进行五轴定向、五轴联动加工,零件加工精度要求高。本项目应用五轴加工中心的方法对零件进行编程、仿真和加工。

【任务描述】

学生以企业制造部门 NC 数控程序员的身份进入 UG NX 11.0 CAM 功能模块,根据 3 + 2 零件特征,制订合理的工艺路线,创建五轴粗加工、半精加工、精加工的操作,设置必要的加工参数,生成刀具路径,通过相应的后处理生成 G 代码;在 VERICUT 8.0 仿真软件进行虚拟仿真加工,解决存在的问题和不足,并对操作过程中存在的问题进行研讨和交流,并运用五轴加工中心对零件进行切削加工。

【工作任务】

按照零件加工要求,制定 3 + 2 零件的加工工艺;编制 3 + 2 零件加工程序;完成 3 + 2 零件仿真加工;优化数控程序后在五轴加工中心上完成零件加工。

任务8.1　制订加工工艺

1.3 + 2 零件分析

3 + 2 零件整体为圆柱体,顶部特征比较复杂,多个斜面的特征需要五轴定向加工,底部为圆柱特征,可以作为零件的装夹位置。经过对零件加工部分的最小半径分析,可知零件加工部分的最小内凹圆弧半径为4,槽宽为8,所以可以选用比槽宽小、圆弧半径小的刀进行加工。

2.毛坯选用

零件材料为硬铝,为了零件在五轴机床上的装夹方便,整体圆柱的特征已在车床上精加工完成,无须再对其圆柱外形特征进行加工。

3.制定数控加工工序卡

零件选用立式五轴联动加工中心(A + C 轴)加工,自定心三抓卡盘装夹,根据先粗后精的加工原则,制定数控加工工序卡见表8-1。

表8-1　数控加工工序卡

零件名称	3 + 2 零件	零件图号		8-1	夹具名称		定心三抓卡盘
设备名称及型号		五轴加工中心					
材料名称及牌号	硬铝		工序名称		五轴定向加工		
工步内容	切削参数		刀　具				
	主轴转速	进给速度	编号	名　称			
开粗	2 500	1 000	T1	T1D12			
面精加工	2 800	800	T1	T1D12			
二次开粗	4 000	800	T2	T2D6			
精加工	4 200	600	T2	T2D6			
曲面精加工	6 000	1 500	T3	T3D4R2			
刻字	8 000	150	T4	T4D1R0.5			
中心钻	2 000	100	T5	T5ZZ			
钻孔	1 000	80	T6	T6Z7	××职业技术学院		

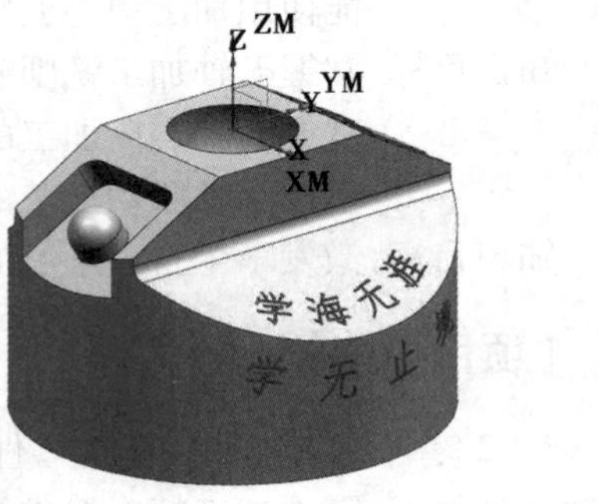

任务8.2　编制加工程序

(1)导入模型。UG 打开"8-1. prt"文件,进入建模模块界面,如图8-1 所示。

(2)进入加工模块。单击【应用模块】→【加工】,如图8-2 所示,弹出加工环境对话框,CAM 会话配置选择【cam_general】;要创建的 CAM 组装选择【mill_multi – axis】,如图8-3 所示,单击【确定】,进入加工模块。

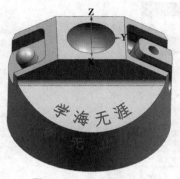

图 8-1 建模模块界面

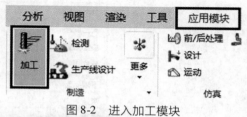

图 8-2 进入加工模块

图 8-3 加工模块选择

(3)创建加工坐标系。切换至【几何视图】,双击【MCS_MILL】,弹出 MCS 对话框,如图 8-4所示,在 MCS 对话框中单击【CSYS 对话框】按扭,弹出 CSYS 对话框,类型下拉菜单选择【自动判断】,选择顶面圆的圆心,如图 8-5 所示,单击【确定】,完成加工坐标创建。

(4)创建几何体与毛坯。在"工序导航器-几何"视图中,双击【WORKPIECE】,弹出工件对话框,如图 8-6 所示,指定部件选择【3 + 2 模型】,如图 8-7 所示,指定毛坯为【包容圆柱体】,如图 8-8 所示。完成几何体与毛坯设置。

图 8-4　MCS 铣削对话框

图 8-5　创建加工坐标系

图 8-6　工件对话框

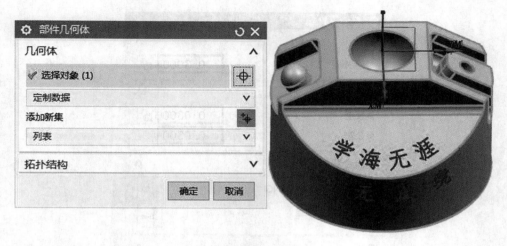

图 8-7 设置部件

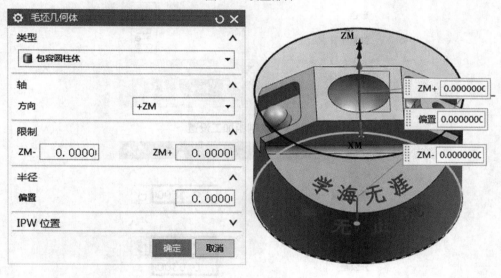

图 8-8 设置毛坯

（5）设置加工方法。切换至【加工方法视图】，双击【MILL_ROUGH】，弹出铣削粗加工对话框，部件余量为"0.3"，内外公差为"0.03"，如图8-9所示，单击【确定】；双击【MILL_SEMI_FINISH】，弹出铣削半精加工对话框，部件余量为"0.15"，内外公差为"0.03"，如图8-10所示，单击【确定】；双击【MILL_FINISH】，弹出铣削精加工对话框，部件余量为"0"，内外公差为"0.01"，如图8-11所示，单击【确定】，完成加工方法设置。

（6）创建型腔铣粗加工工序。用T1D12的刀进行三轴型腔铣开粗，在"工序导航器-几何体"视图下，单击【主页】→【创建工序】，弹出创建工序对话框，类型选择【mill_contour】，工序子类型选择【型腔铣】，程序选择【PROGRAM】，刀具选择【T1D12】，几何体选择【WORKPIECE】，方法选择【MILL_ROUGH】如图8-12所示，单击【确定】，弹出型腔铣对话框。

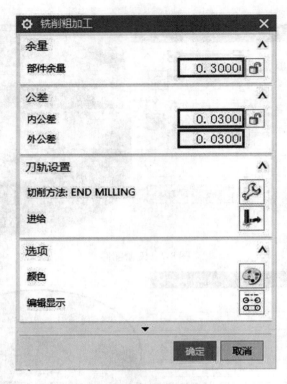

图 8-9　铣削粗加工设置

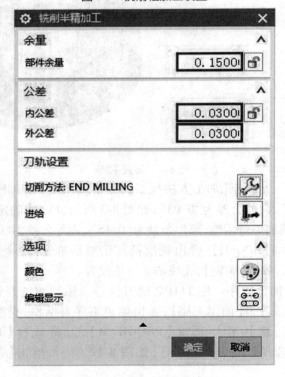

图 8-10　铣削半精加工设置

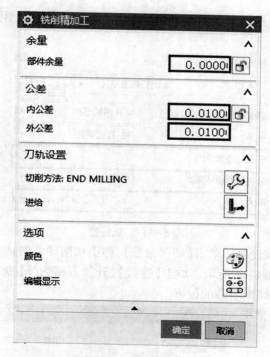

图 8-11　铣削精加工设置

图 8-12　创建工序设置

（7）刀轨设置。刀轨设置平面直径百分比输入"75"，设置最大距离为"1"，如图8-13所示，完成刀轨设置。

图8-13　刀轨设置

（8）型腔铣切削参数设置。单击【切削参数】，弹出切削参数对话框，单击【策略】，切削顺序选择【深度优先】，如图8-14所示。单击【连接】，开放刀路选择【变换切削方向】，如图8-15所示，单击【确定】，完成切削参数的设置。

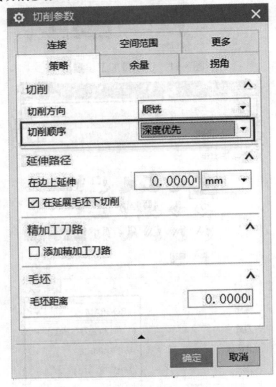

图8-14　切削顺序选择

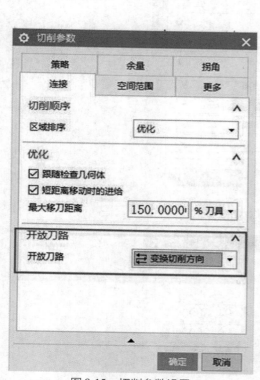

图 8-15　切削参数设置　　　　　　　　图 8-16　非切削移动设置

（9）型腔铣非切削移动设置。单击【非切削移动】，弹出非切削移动对话框，单击【进刀】，封闭区域里直径输入"90%"，斜坡角输入"3"，高度输入"0.2"；开放区域下的进刀类型选择【线性】，高度输入"1"，如图 8-16 所示。单击【转移/快速】，初始和最终的逼近类型和离开类型选择【相对平面】，安全距离输入"100 mm"，如图 8-17 所示，单击【确定】，完成非切削移动的设置。

（10）型腔铣进给率和速度设置。单击【进给率和速度】，弹出进给率和速度对话框，主轴速度输入"2 500"，切削输入"1 000"，如图 8-18 所示，单击【确定】，完成进给率和速度设置。

（11）型腔铣刀轨生成。单击【生成】，结果如图 8-19 所示，单击【确定】，完成型腔铣粗加工工序。

（12）创建底壁加工工序。在"工序导航器-几何"视图下，单击【主页】→【创建工序】，弹出创建工序对话框，类型选择【mill_planar】，工序子类型选择【底壁加工】，程序选择【PROGRAM】，刀具选择【T1D12】，几何体选择【WORKPIECE】，方法选择【MILL_FINISH】，如图 8-20 所示，单击【确定】。弹出底壁加工对话框对话框。

图 8-17　非切削移动设置

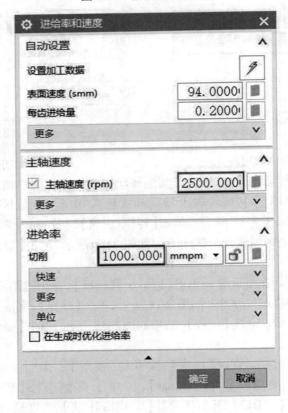

图 8-18　进给率和速度设置

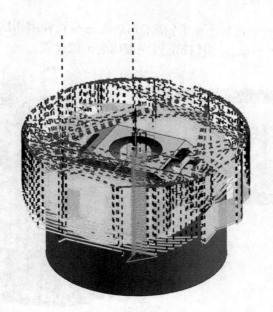

图 8-19 生成刀轨

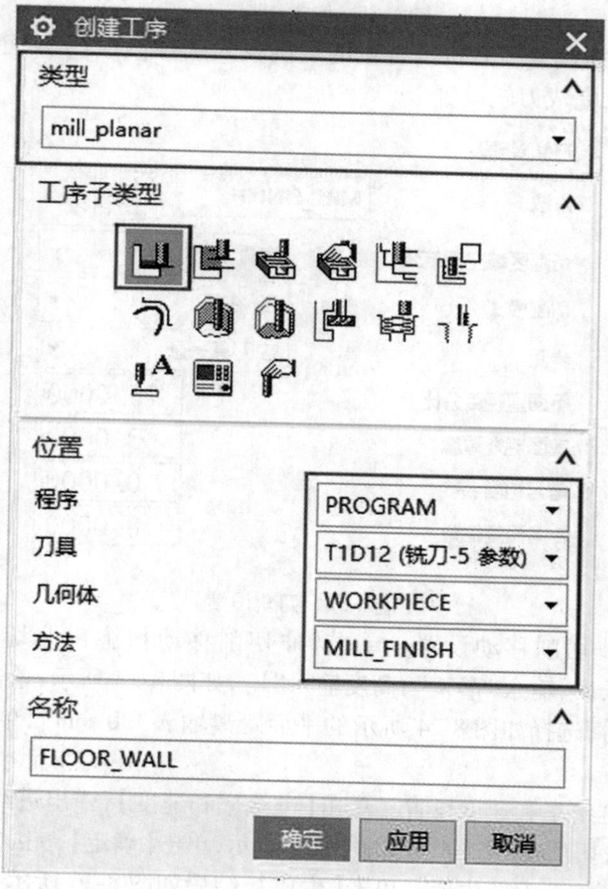

图 8-20 创建工序设置

（13）底壁加工指定切削区域。单击【指定切削区底面】，弹出切削区域对话框，选择对象为零件的顶面，如图 8-21 所示，单击【确定】，完成切削区域设置。

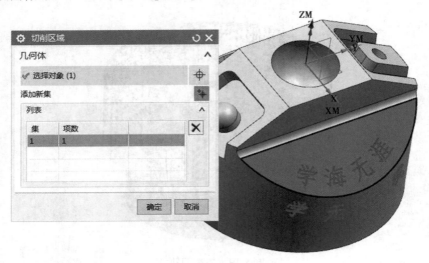

图 8-21　指定切削区域

（14）底壁加工刀轨设置。刀轨设置里的切削模式选择【往复】，平面直径百分比设置为"75"，如图 8-22 所示，完成刀轨设置。

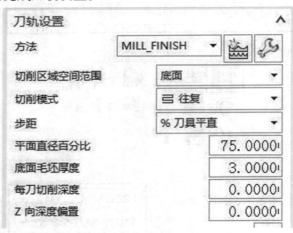

图 8-22　刀轨设置

（15）底壁加工非切削移动设置。单击【非切削移动】，弹出非切削移动对话框，单击【进刀】开放区域的长度，输入"70%"，高度输入"1"，如图 8-23 所示；单击【转移/快速】，安全设置选项选择【平面】，选择如图 8-24 所示的平面距离输入"50 mm"，单击【确定】，完成非切削移动的设置。

（16）底壁加工进给率和速度设置。单击【进给率和速度】，弹出进给率和速度对话框，主轴速度输入"2 800"，切削输入"800"，如图 8-25 所示，单击【确定】，完成进给率和速度设置。

（17）底壁加工精加工刀轨生成。单击【生成】，结果如图 8-26 所示，单击【确定】，完成型底壁加工加工工序。

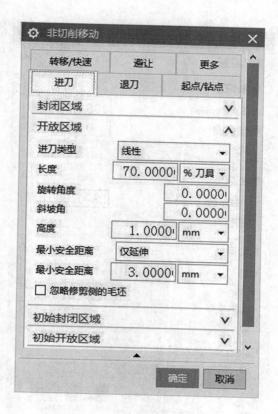

图 8-23 进刀非切削移动设置

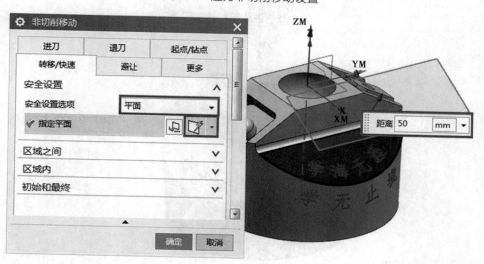

图 8-24 完成非切削移动设置

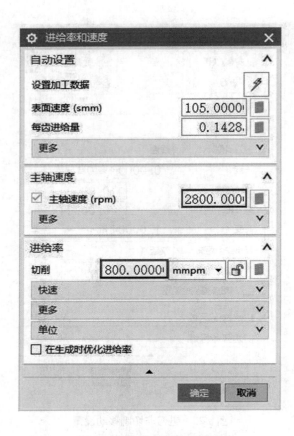

图 8-25　进给率和速度设置

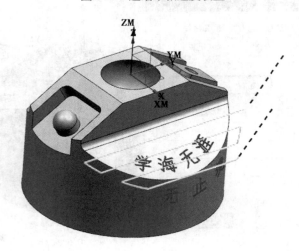

图 8-26　生成刀轨

（18）复制底壁加工工序。右击【FLOOR_WALL】→【复制】，如图 8-27 所示，右击【FLOOR _WALL】，选择【粘贴】，如图 8-28 所示。

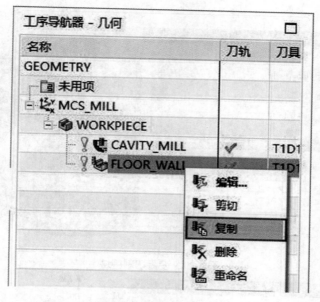

图 8-27　复制工序

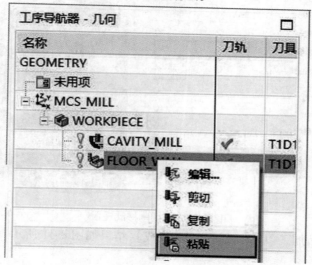

图 8-28　粘贴工序

（19）创建底壁加工工序。双击打开粘贴的"FLOOR_WALL_COPY"程序，弹出底壁加工对话框，单击【指定切削区底面】，弹出切削区域对话框，移除列表里的所有集，重新选择待加工面，如图 8-29 所示，单击【确定】，完成切削区域的设置。

（20）底壁加工非切削移动设置。单击【非切削移动】，单击【转移/快速】，安全设置选项为【平面】，选择如图 8-30 所示的平面，单击【确定】。其余选项卡参数保持默认即可，完成非切削移动的设置。

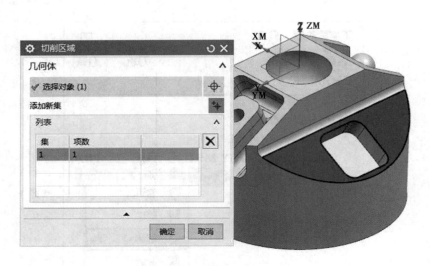

图 8-29　设置切削区域

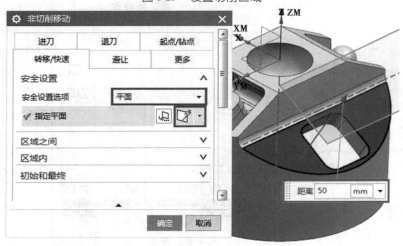

图 8-30　非切削移动设置

（21）底壁加工精加工刀轨生成。单击【生成】,结果如图 8-31 所示,单击【确定】,完成底壁加工工序。

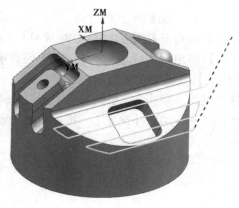

图 8-31　生成刀轨

（22）创建底壁加工工序。同理，右键单击【FLOOR ＿WALL】→【复制】，右键单击【FLOOR_WALL_COPY】，选择【粘贴】。双击打开粘贴的【FLOOR_WALL_COPY_1】程序，弹出底壁加工对话框，单击【指定切削区底面】，弹出切削区域对话框，移除列表里的所有集，重新选择待加工面，如图 8-32 所示，单击【确定】，完成切削区域的设置。

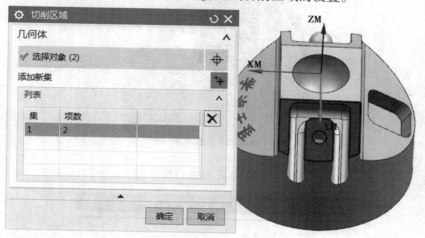

图 8-32 指定切削区域

（23）底壁加工非切削移动设置，单击【非切削移动】，单击【转移/快速】，安全设置选项为平面，选择如图 8-33 所示的平面，单击【确定】，完成非切削移动的设置。

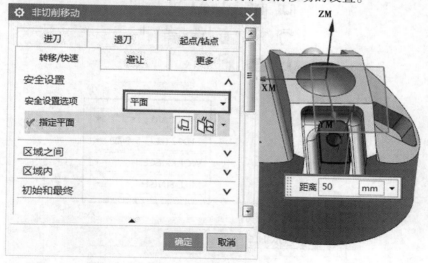

图 8-33 非切削移动设置

（24）底壁加工精加工刀轨生成。单击【生成】，结果如图 8-34 所示，单击【确定】，完成底壁加工工序。

（25）创建平面轮廓铣加工工序。在"工序导航器-几何"视图下，单击【主页】→【创建工序】，弹出创建工序对话框，类型选择【mill_planar】，工序子类型选择【平面轮廓铣】，程序选择【PROGRAM】，刀具选择【T1D12】，几何体选择【WORKPIECE】，方法选择【MILL_ FINISH】，如图 8-35 所示，单击【确定】。弹出平面轮廓铣对话框，如图 8-36 所示。

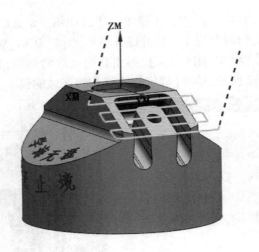

图 8-34　生成刀轨

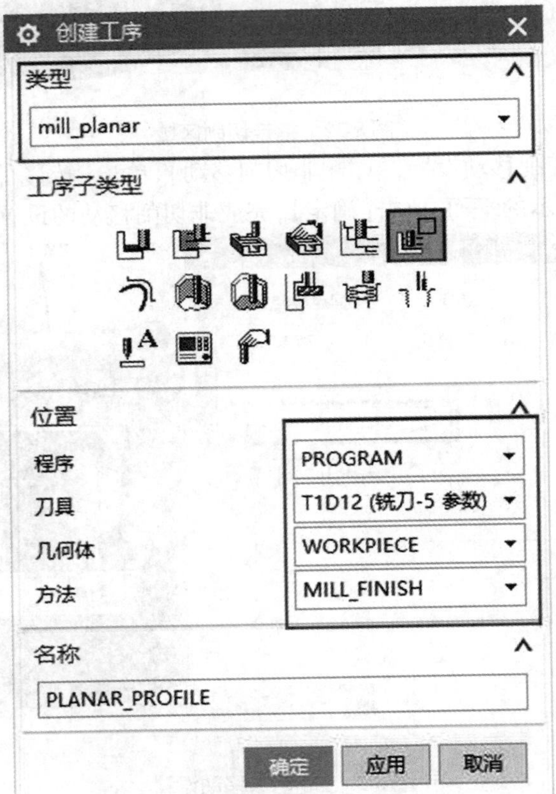

图 8-35　创建工序设置

图 8-36　平面轮廓铣对话框

　　（26）平面轮廓铣设置边界几何体。单击【指定部件边界】，弹出边界几何体对话框，模式选择【曲线/边】，如图 8-37 所示，弹出创建边界对话框，类型选择【开放】，材料侧选择【左】，选择侧壁的底边，如图 8-38 所示，单击【创建下一个边界】，选择侧壁的另一条边，如图 8-39 所示，单击【确定】。完成创建边界的设置，单击【确定】，完成边界几何体的设置。

　　（27）平面轮廓铣设置切削底面。单击【指定底面】，弹出平面对话框，【类型】选择【两直线】，选择侧壁底边两待加工直线，如图 8-40，单击【确定】，完成指定底面的设置。

　　（28）平面轮廓铣非切削移动设置。单击【非切削移动】，弹出非切削移动对话框，单击【进刀】，开放区域进刀类型选择【线性】，高度输入"1"，如图 8-41 所示；单击【转移/快速】，安全设置选项选择【平面】，选择如图 8-42 所示的面距离输入"50 mm"，单击【确定】，完成非切削移动的设置。

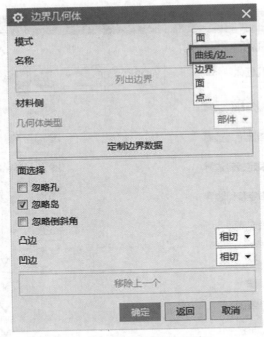

图 8-37　边界几何体对话框

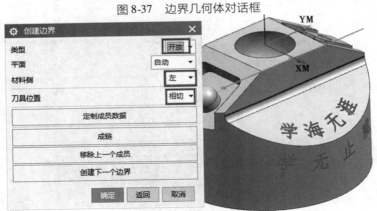

图 8-38　选择第一个边界

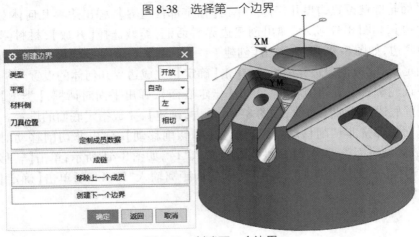

图 8-39　创建下一个边界

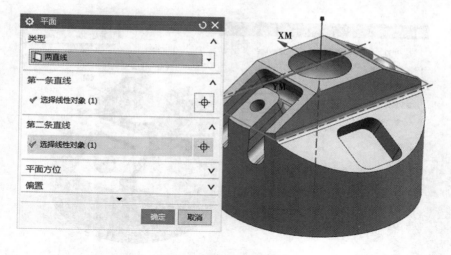

图 8-40　选择底边两直线

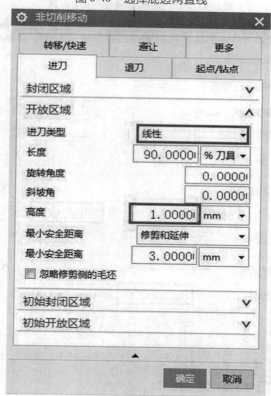

图 8-41　非切削移动进刀设置

（29）平面轮廓铣进给率和速度设置。单击【进给率和速度】，弹出进给率和速度对话框，主轴速度输入"2 800"，切削输入"800"，如图 8-43 所示；单击【确定】，完成进给率和速度设置。

（30）平面轮廓铣刀轨生成。单击【生成】，结果如图 8-44 所示，单击【确定】，完成平面轮廓铣加工工序。

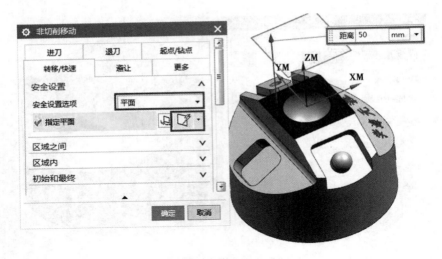

图 8-42　非切削移动转移/快速设置

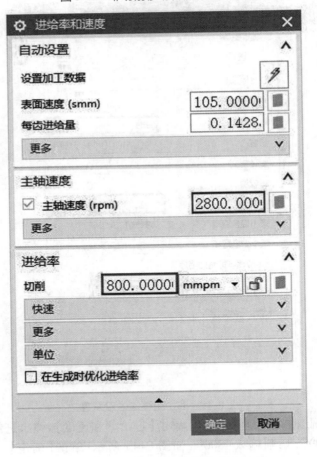

图 8-43　进给率和速度设置

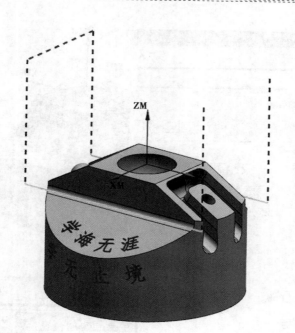

图 8-44　生成刀轨

（31）创建平面轮廓铣加工工序。右键单击【PLANAR _PROFILE】-【复制】，右键单击【PLANAR _PROFILE】，选择【粘贴】。双击打开粘贴的【PLANAR _PROFILE _COPY】程序，弹出平面轮廓铣对话框，单击【指定部件边界】，弹出编辑边界对话框，单击【全部重选】，单击【确定】，弹出边界几何体对话框，模式为【曲线/边】，弹出创建边界对话框，类型选择【开放】，材料侧选择【右】，选择顶面内侧的边，如图 8-45 所示，单击【确定】，完成创建边界的设置，单击【确定】，完成边界几何体的设置。

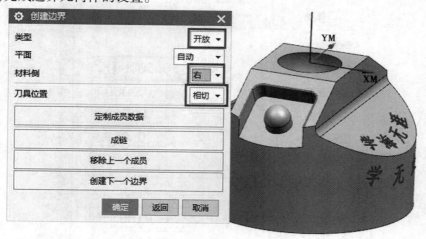

图 8-45　指定部件边界

（32）平面轮廓铣设置切削底面。单击【指定底面】，弹出平面对话框，类型选择【自动判断】，选取待加工面，如图 8-46 所示，单击【确定】，完成指定底面的设置。

（33）平面轮廓铣刀轴方向设置。刀轴里的轴选择【垂直于底面】，如图 8-47 所示，完成刀轴设置。

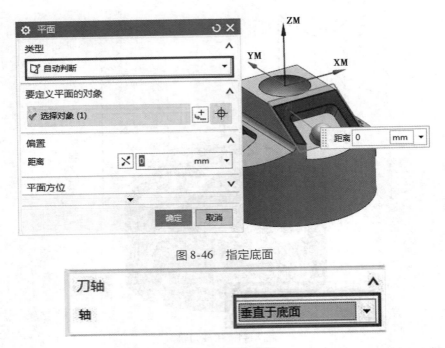

图 8-46　指定底面

图 8-47　刀轴设置

（34）平面轮廓铣切削参数设置。单击【切削参数】，弹出切削参数对话框，单击【余量】，部件余量输入"-0.5"，如图 8-48 所示，单击【确定】，完成切削参数设置。

图 8-48　切削参数余量设置

（35）平面轮廓铣非切削移动设置。单击【非切削移动】，弹出非切削移动对话框，单击【转移/快速】，安全设置中安全设置选项选择【平面】，选择待加工面，距离输入"50 mm"，如图8-49所示，单击【确定】完成非切削移动的设置。

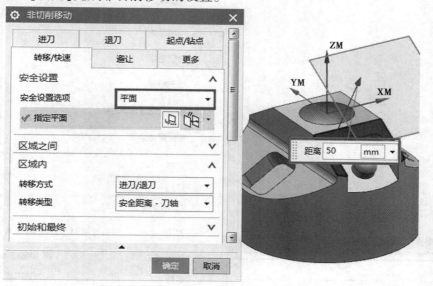

图 8-49 非切削移动设置

（36）平面轮廓铣刀轨生成。单击【生成】，结果如图 8-50 所示，单击【确定】，完成平面轮廓铣加工工序。

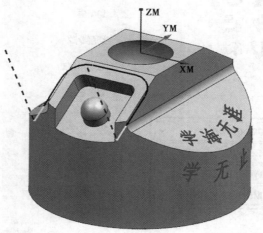

图 8-50 生成刀轨

（37）创建型腔铣局部粗加工工序。在"工序导航器—几何"视图下，单击【主页】-【创建工序】，弹出创建工序对话框，类型选择【mill_contour】，工序子类型选择【型腔铣】，程序选择【PROGRAM】，刀具选择【T2D6】，几何体选择【WORKPIECE】，方法选择【MILL＿SEMI＿FINISH】，如图 8-51 所示，单击【确定】，弹出型腔铣对话框，如图 8-52 所示。刀轨设置中的平面直径百分比输入"70"，最大距离输入"1"。

图 8-51　创建工序设置

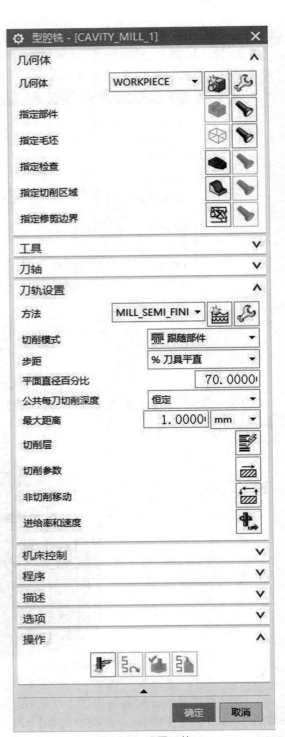

图 8-52　设置刀轨

（38）型腔铣设置切削区域。单击【指定切削区域】，弹出切削区域对话框，选待加工曲面，如图 8-53 所示，单击【确定】，完成切削区域的设置。

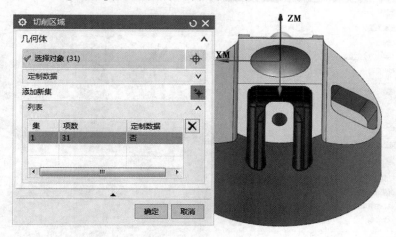

图 8-53　指定切削区域

（39）型腔铣刀轴方向设置。设置刀轴里的轴为【指定矢量】，单击选择类型为【面/平面法向】，选择如图 8-54 所示斜面，单击【确定】，完成刀轴的设置。

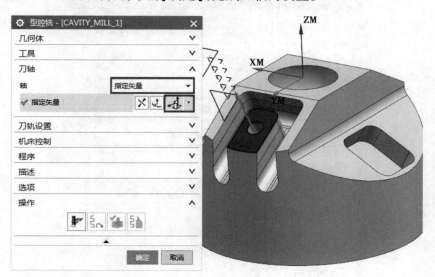

图 8-54　刀轴设置

（40）型腔铣切削层设置。单击【切削层】，弹出切削层对话框，设置"范围 1 的顶部"为斜面，"范围定义"默认即可，如图 8-55 所示，单击【确定】，完成切削层的设置。

（41）型腔铣切削参数设置。单击【切削参数】，弹出切削参数对话框，单击【策略】，切削顺序选择【深度优先】，如图 8-56 所示。再单击【连接】，开放刀路类型选择【变换切削方向】，如图 8-57 所示，单击【确定】，完成切削参数的设置。

（42）型腔铣非切削移动设置。单击【非切削移动】，弹出非切削移动对话框，单击【转移/快速】，安全设置选项选择【平面】，指定平面为斜面，距离输入"50"，区域内里的转移类型选择【直接】,如图 8-58 所示,单击【确定】完成非切削移动的设置。

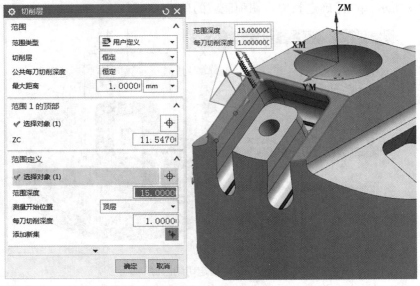

图 8-55　设置切削层

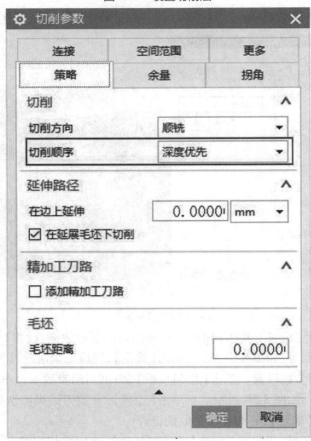

图 8-56　切削参数设置

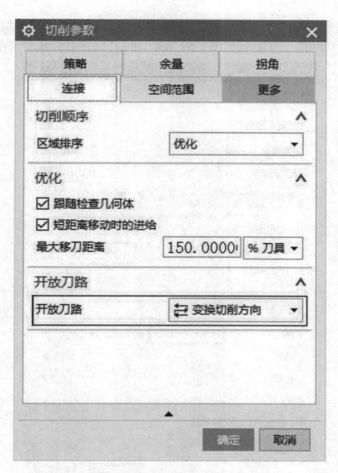

图 8-57 切削参数设置

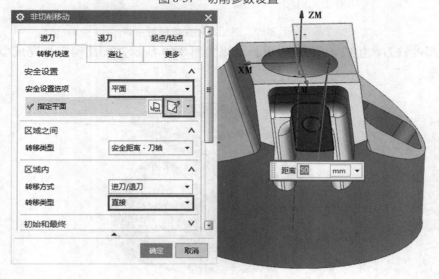

图 8-58 非切削移动设置

（43）型腔铣进给率和速度设置。单击【进给率和速度】,弹出进给率和速度对话框,主轴速度输入"4 000",切削输入"800",如图 8-59 所示,单击【确定】,完成进给率和速度设置。

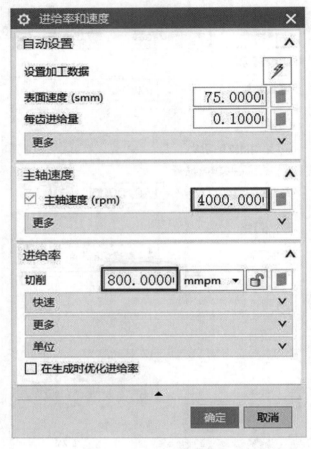

图 8-59　进给率和速度设置

（44）型腔铣刀轨生成。单击【生成】,结果如图 8-60 所示,单击【确定】,完成型腔铣局部粗加工工序。

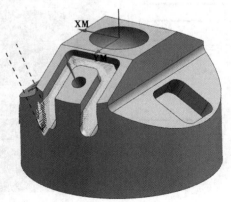

图 8-60　生成刀轨

（45）创建型腔铣局部粗加工工序。右键单击【CAVITY_MILL_1】-【复制】,右键单击

【CAVITY_MILL_1】,选择【粘贴】,双击打开粘贴的【CAVITY_MILL_1_COPY】,弹出型腔铣对话框,单击【指定切削区域】,弹出切削区域对话框,删除原切削区域,选取待加工面为切削区域,如图 8-61 所示,单击【确定】,完成切削区域的设置。

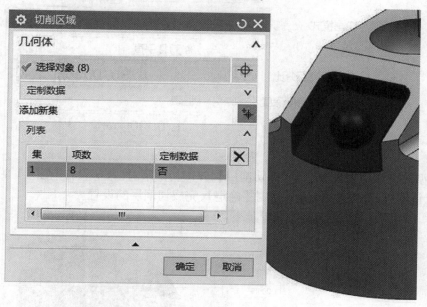

图 8-61　指定切削区域

(46)型腔铣刀轴方向设置。单击刀轴里的轴选择【指定矢量】,指定矢量选择【面/平面法向】,选择如图 8-62 所示斜面,单击【确定】,完成刀轴的设置。

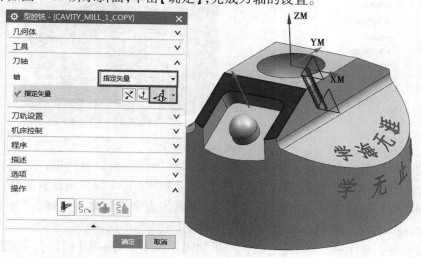

图 8-62　刀轴设置

(47)型腔铣刀轨设置。单击刀轨设置,平面直径百分比输入"50",如图 8-63 所示,完成刀轨设置。

图 8-63　刀轨设置

（48）型腔铣切削层设置。单击【切削层】，弹出切削层对话框，设置"范围 1 的顶部"为斜面，其余默认即可，如图 8-64 所示，单击【确定】，完成切削层的设置。

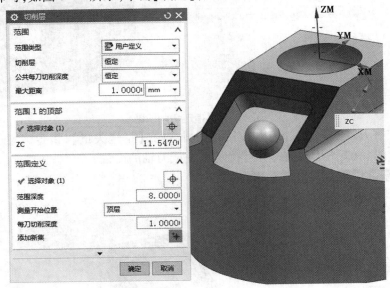

图 8-64　设置切削层

（49）型腔铣切削参数设置。单击【切削参数】，弹出切削参数对话框，单击【连接】，开放刀路类型选择【变换切削方向】，如图 8-65 所示，单击【确定】，完成切削参数的设置。

（50）型腔铣非切削移动设置。单击【转移/快速】，安全设置选项选择【平面】，指定平面为斜面，距离输入"50"，如图 8-66 所示，单击【确定】完成非切削移动的设置。

（51）型腔铣刀轨生成。单击【生成】，结果如图 8-67 所示，单击【确定】，完成型腔铣局部粗加工工序。

（52）创建底壁加工工序。在"工序导航器—几何"视图下，单击【主页】-【创建工序】，弹出创建工序对话框，类型选择【mill_planar】，工序子类型选择【底壁加工】，程序选择【PROGRAM】，刀具选择【T2D6】，几何体选择【WORKPIECE】，方法选择【MILL_SEMI_FINISH】如图 8-68 所示，单击【确定】，弹出底壁加工对话框。

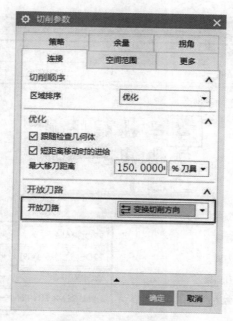

图 8-65　切削参数设置

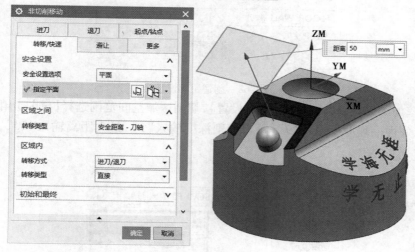

图 8-66　非切削移动设置

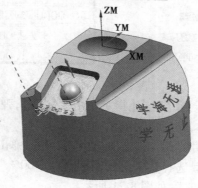

图 8-67　生成铣刀轨

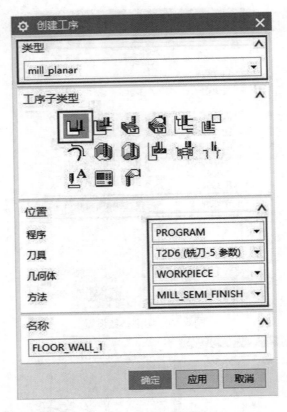

图 8-68　创建工序设置

（53）底壁加工刀轨设置。单击【刀轨设置】，切削区域空间范围选择【壁】，切削模式选择【跟随部件】，底面毛坯厚度输入"9"，每刀切削深度输入"1"，最大距离输入"50"，如图 8-69所示。

图 8-69　刀轨设置

（54）底壁加工切削区域设置。单击【指定切削区底面】，弹出切削区域对话框，选择如图8-70 所示的底面，单击【确定】，完成切削区域的设置。

（55）底壁加工非切削移动设置。单击【非切削移动】，弹出非切削移动对话框，单击【进刀】。封闭区域里的进刀类型选择【螺旋】，直径输入"60%"，斜坡角输入"3"，高度输入"0.2"，最小斜面长度输入"50%"，如图 8-71 所示。

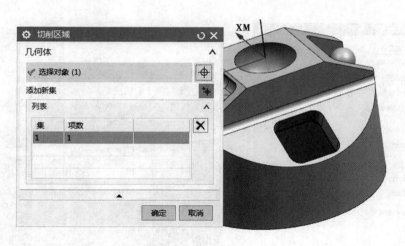

图 8-70　指定切削区域

图 8-71　非切削移动设置

（56）底壁加工非切削移动设置。单击【转移/快速】,安全设置选项选择【平面】,指定平面为斜面,距离输入"50",如图 8-72 所示,单击【确定】,完成非切削移动的设置。

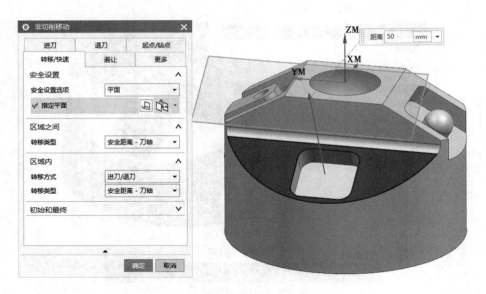

图 8-72　非切削移动设置

（57）底壁加工进给率和速度设置。单击【进给率和速度】，弹出进给率和速度对话框，主轴速度输入"4000"，切削输入"800"，如图 8-73 所示，单击【确定】，完成进给率和速度设置。

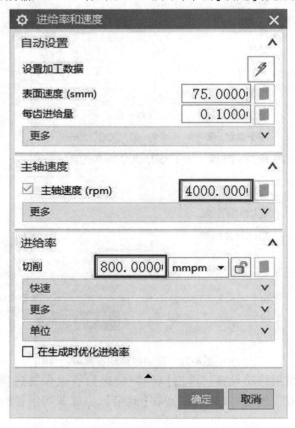

图 8-73　进给率和速度设置

（58）底壁加工刀轨生成。单击【生成】，结果如图8-74所示，单击【确定】，完成型底壁加工工序。

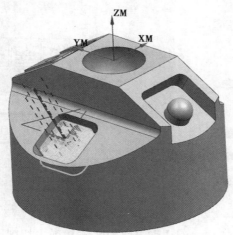

图8-74 生成刀轨

（59）创建剩余铣加工工序。在"工序导航器—几何"视图下，单击【主页】-【创建工序】，弹出创建工序对话框，类型选择【mill＿contour】，工序子类型选择【剩余铣】，程序选择【PROGRAM】，刀具选择【T2D6】，几何体选择【WORKPIECE】，方法选择【MILL＿SEMI＿FINISH】，如图8-75所示，单击【确定】，弹出剩余铣对话框。

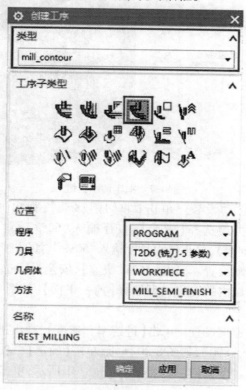

图8-75 创建工序设置

（60）剩余铣刀轨设置。单击【刀轨设置】，平面直径百分比输入"50"，最大距离输入"1"，如图8-76所示，完成刀轨设置。

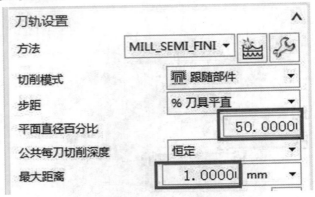

图8-76　刀轨设置

（61）剩余铣设置切削区域。单击【指定切削区域】，弹出切削区域对话框，选取如图8-77所示球面，单击【确定】，完成切削区域的设置。

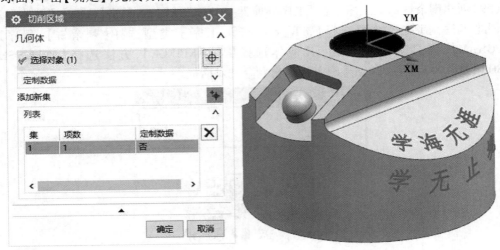

图8-77　指定切削区域

（62）剩余铣非切削移动设置。单击【非切削移动】，弹出非切削移动对话框，单击【进刀】，封闭区域的进刀类型选择【螺旋】，直径输入"60%"，斜坡角输入"3"，高度输入"1.2"，高度起点选择【当前层】，最小斜面长度输入"50%"，如图8-78所示。

（63）剩余铣非切削移动设置。单击【转移/快速】，安全设置选项选择【平面】，指定平面为顶面，距离输入"50"，区域内的转移类型选择【前一平面】，如图8-79所示，单击【确定】完成非切削移动的设置。

（64）剩余铣进给率和速度设置。单击【进给率和速度】，弹出进给率和速度对话框，主轴速度输入"4000"，切削输入"800"，如图8-80所示，单击【确定】，完成进给率和速度设置。

（65）剩余铣刀轨生成。单击【生成】，结果如图8-81所示，单击【确定】，完成剩余铣二次粗加工工序。

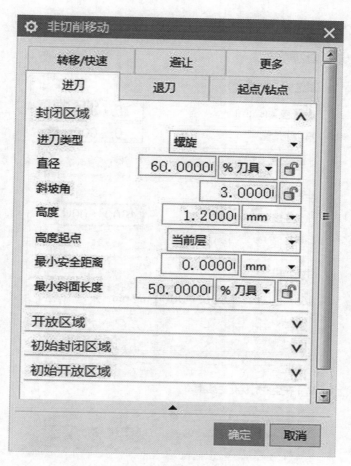

图 8-78 非切削移动设置

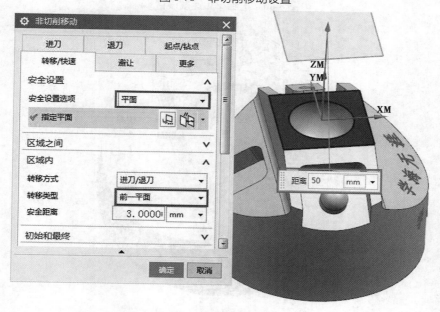

图 8-79 非切削移动设置

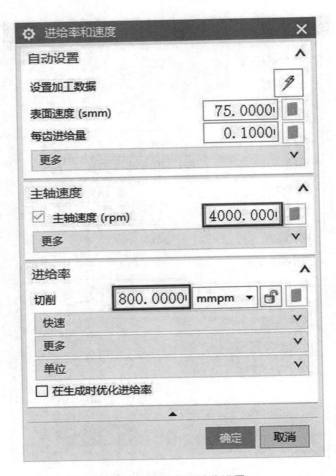

图 8-80 进给率和速度设置

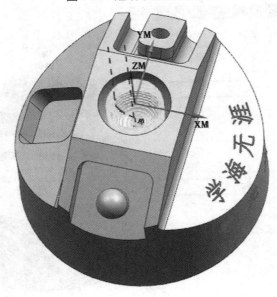

图 8-81 生成刀轨

（66）创建平面轮廓铣加工工序。在"工序导航器—几何"视图下，单击【主页】-【创建工序】，弹出创建工序对话框，类型选择【mill_planar】，工序子类型选择【平面轮廓铣】，程序选择【PROGRAM】，刀具选择【T2D6】，几何体选择【WORKPIECE】，方法选择【MILL_FINISH】，如图 8-82 所示，单击【确定】，弹出平面轮廓铣对话框。

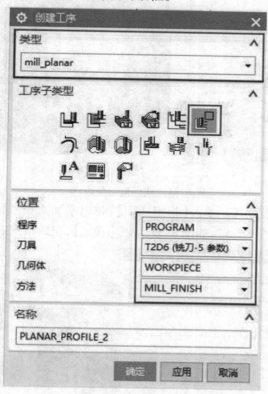

图 8-82　创建工序设置

（67）平面轮廓铣设置边界几何体。单击【指定部件边界】，弹出边界几何体对话框，模式选择为【曲线/边】，弹出创建边界对话框，类型选择【开放】，材料侧选择【右】，选择如图8-83所示的轮廓，然后单击【创建下一个边界】，选择如图 8-84 所示的轮廓，单击【确定】，完成创建边界的设置，再单击【确定】，完成边界几何体的设置。

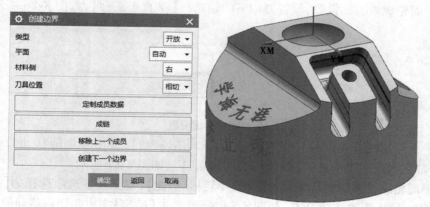

图 8-83　选择第一条边界

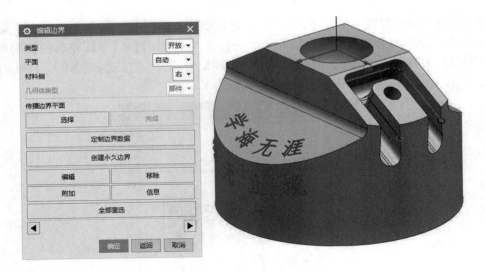

图 8-84　选择第二条边界

（68）平面轮廓铣底面设置。单击【指定底面】,弹出平面对话框,单击类型选择【自动判断】,选择斜面,距离输入"-5.5",如图 8-85,单击【确定】,完成指定底面的设置。

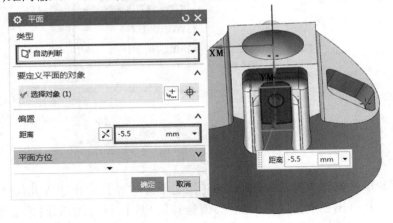

图 8-85　指定底面

（69）平面轮廓铣刀轴设置,设置刀轴下的轴选择【垂直于底面】,如图 8-86 所示,完成刀轴的设置。

图 8-86　刀轴设置

（70）平面轮廓铣非切削移动设置。单击【非切削移动】,弹出非切削移动对话框,单击【进刀】,开放区域进刀类型选择【线性】,高度输入"1",如图 8-87 所示。

（71）平面轮廓铣非切削移动设置。单击【转移/快速】,安全设置选项选择为【平面】,指定平面为斜面,输入距离选择"50",如图 8-88 所示,单击【确定】完成非切削移动的设置。

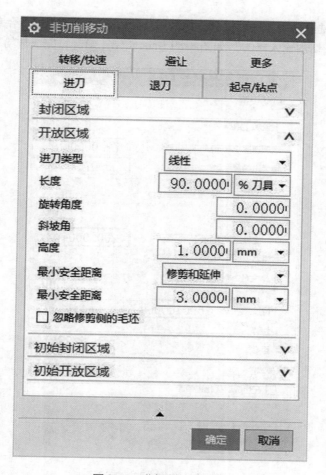

图 8-87　非切削移动设置

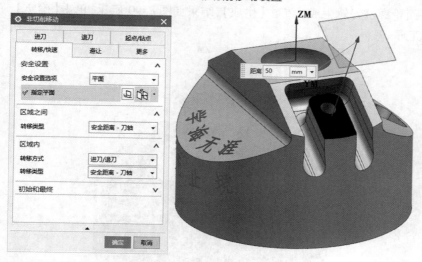

图 8-88　非切削移动设置

（72）平面轮廓铣进给率和速度设置。单击【进给率和速度】，弹出进给率和速度对话框，主轴速度输入"4 200"，切削输入"600"，如图8-89所示，单击【确定】，完成进给率和速度设置。

图8-89　进给率和速度设置

（73）平面轮廓铣刀轨生成。单击【生成】，结果如图8-90所示，单击【确定】，完成平面轮廓铣精加工工序。

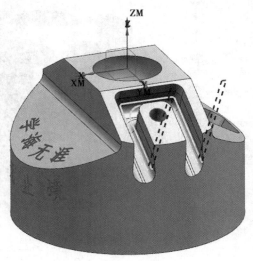

图8-90　生成刀轨

（74）创建型腔铣局部底面精加工工序。右键单击【CAVITY_MILL_1_COPY】-【复制】,右键单击【PLANAR_PROFILE_1】,选择【粘贴】,双击打开粘贴的【CAVITY_MILL_1_COPY_COPY】,弹出型腔铣对话框,单击【刀轨设置】,方法选择【MILL_FINISH】,最大距离输入"8",如图 8-91 所示,完成型腔铣刀轨设置。

图 8-91　刀轨设置

（75）型腔铣切削参数设置。单击【切削参数】,弹出切削参数对话框,单击【余量】,去除"使底面余量与侧面余量一致"前面的勾选,部件余量输入"0.2",如图 8-92 所示,单击【确定】,完成切削参数设置。

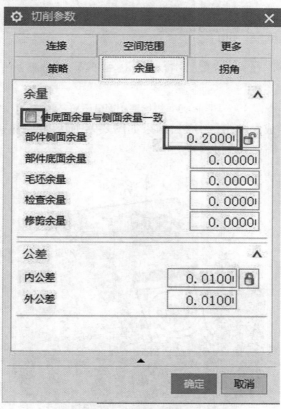

图 8-92　切削参数设置

（76）型腔铣进给率和速度设置。单击【进给率和速度】，弹出进给率和速度对话框，主轴速度输入"4200"，切削输入"600"，如图8-93所示，单击【确定】，完成进给率和速度设置。

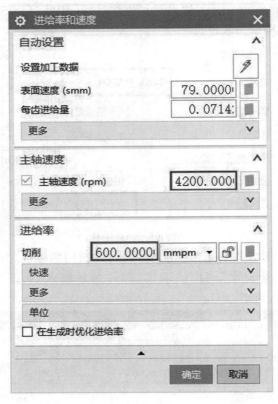

图8-93　进给率和速度设置

（77）型腔铣刀轨生成。单击【生成】，结果如图8-94所示，单击【确定】，完成型腔铣底面精加工工序。

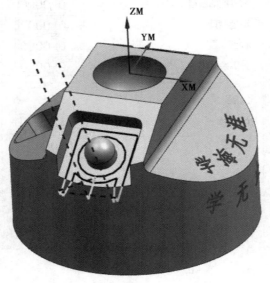

图8-94　生成刀轨

（78）创建型腔铣局部轮廓精加工工序。右键单击【CAVITY_MILL_1_COPY_COPY】-【复制】，右键单击【CAVITY_MILL_1_COPY_COPY】，选择【粘贴】，双击打开粘贴的【CAVITY_MILL_1_COPY_COPY_COPY】，弹出型腔铣对话框，单击【刀轨设置】，切削模式选择【轮廓】，如图 8-95 所示，完成型腔铣刀轨设置。

图 8-95　刀轨设置

（79）型腔铣切削参数设置。单击【切削参数】，弹出切削参数对话框，单击【余量】，部件余量输入"0"，如图 8-96 所示，单击【确定】，完成切削参数设置。

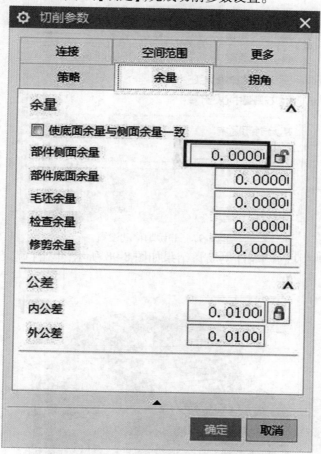

图 8-96　切削参数设置

（80）型腔铣非切削移动设置。单击【非切削移动】，弹出非切削移动对话框，单击【进刀】，开放区域进刀类型选择【圆弧】，半径输入"2 mm"，如图 8-97 所示，单击【确定】，完成型腔铣非切削移动设置。

图 8-97　非切削移动设置

（81）型腔铣刀轨生成。单击【生成】，结果如图 8-98 所示，单击【确定】，完成型腔铣轮廓精加工工序。

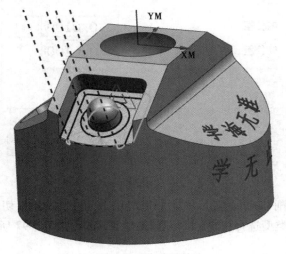

图 8-98　生成刀轨

（82）创建底壁加工局部轮廓加工工序。右键单击【FLOOR_WALL_1】-【复制】,右键单击【CAVITY_MILL_1_COPY_COPY_COPY】,选择【粘贴】,双击打开粘贴的【FLOOR_WALL_1_ COPY】,弹出底壁加工对话框,单击【刀轨设置】,方法选择【MILL_FINISH】,切削模式【轮廓】,每刀切削深度输入"0",如图 8-99 所示,完成底壁加工刀轨设置。

图 8-99　刀轨设置

（83）底壁加工切削参数设置。单击【切削参数】,弹出切削参数对话框,单击【余量】,部件余量输入"0",如图 8-100 所示,单击【确定】,完成切削参数设置。

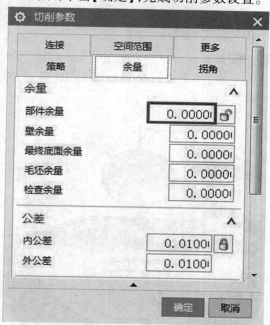

图 8-100　切削参数设置

（84）底壁加工非切削移动设置。单击【非切削移动】,弹出非切削移动对话框,单击【进刀】,封闭区域进刀类型选择【与开发区域相同】,开发区域进刀类型选择【圆弧】,半径输入"30",如图 8-101 所示,单击【确定】,完成非切削移动设置。

（85）底壁加工进给率和速度设置。单击【进给率和速度】,弹出进给率和速度对话框,主轴速度输入"4200",切削输入"600",如图 8-102 所示,单击【确定】,完成进给率和速度设置。

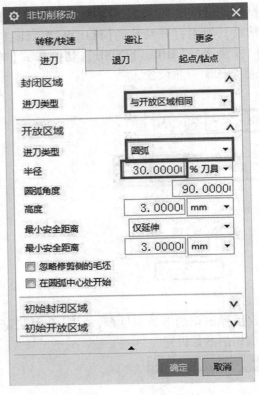

图 8-101　非切削移动设置

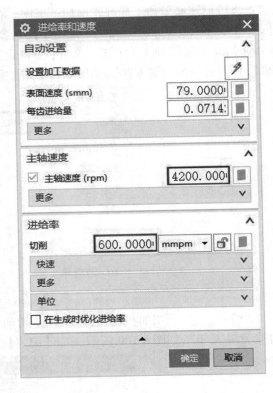

图 8-102　进给率和速度设置

（86）底壁加工刀轨生成。单击【生成】，结果如图 8-103 所示，单击【确定】，完成底壁加工轮廓精加工工序。

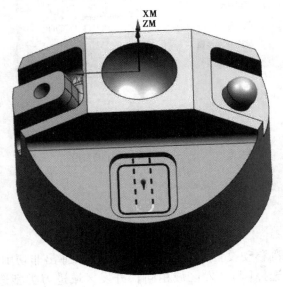

图 8-103　生成刀轨

（87）创建可变轮廓铣加工工序。在"工序导航器—几何"视图下，单击【主页】-【创建工序】,弹出创建工序对话框,类型选择【mill_multi_axis】,工序子类型选择【可变轮廓铣】,位置程序选择【PROGRAM】,刀具选择【T3D4R2】,几何体选择【WORKPIECE】,方法选择【MILL_FINISH】,如图 8-104 所示,单击【确定】。弹出可变轮廓铣对话框,如图 8-105 所示。

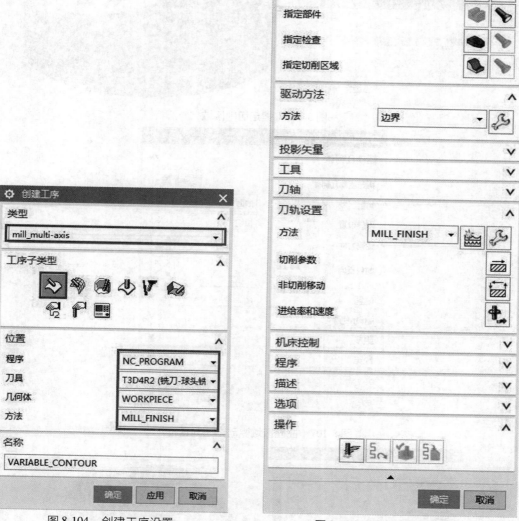

图 8-104　创建工序设置

图 8-105　可变轮廓铣对话框

（88）可变轴轮廓铣设置切削区域。单击【指定切削区域】,弹出切削区域对话框,选取如图 8-106 所示球面,单击【确定】,完成切削区域的设置。

（89）可变轮廓铣驱动方法设置。选择驱动方法为【曲面】,弹出曲面区域驱动方法对话框,如图 8-107 所示,单击【指定驱动几何体】,弹出驱动几何体对话框,选取凹圆区域,如图 8-108所示,单击【确定】,完成驱动区域的选择。

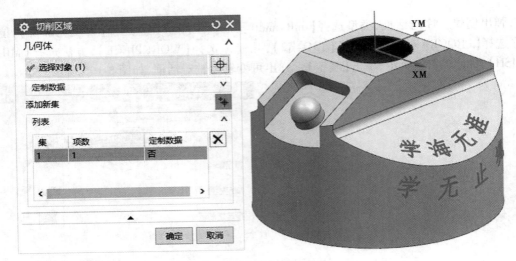

图 8-106　指定切削区域

图 8-107　曲面区域驱动方法对话框

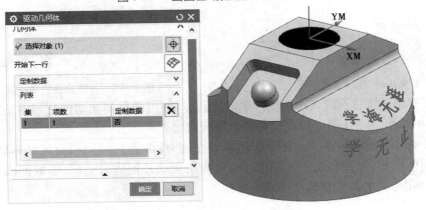

图 8-108　驱动区域选择

（90）曲面驱动切削方向设置。单击【切削方向】，选取"球面顶部并且沿顺时针指向"的箭头，如图 8-109 所示，完成切削方向选择。

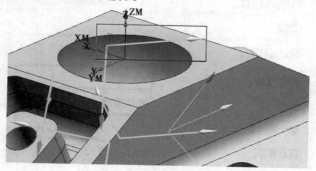

图 8-109　选择切削方向

（91）曲面驱动材料反向设置。单击【材料反向】，如图 8-110 所示，材料侧箭头指向球内部，完成材料反向设置。

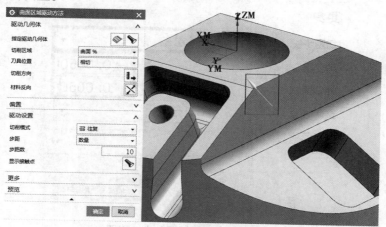

图 8-110　选择材料方向

（92）曲面区域驱动方法设置。驱动设置里的切削模式选择【螺旋】，步距选择【残余高度】，最大残余高度输入"0.005"；更多选项里的切削步长为【公差】，内、外公差输入"0.005"，如图 8-111 所示，单击【确定】，完成曲面区域驱动方法的设置。

（93）可变轮廓铣投影矢量设置。矢量选择【朝向驱动体】，如图 8-112 所示，完成投影矢量设置。

（94）可变轮廓铣刀轴方向设置。刀轴的轴选项选择【朝向点】，单击【点对话框】，弹出点对话框，Z 轴坐标输入"20"，如图 8-113 所示，单击【确定】，完成刀轴设置。

（95）可变轮廓铣非切削移动设置。单击【非切削移动】，弹出非切削移动对话框，单击【转移/快速】，公共安全设置的安全设置选项选择【平面】，选取零件顶面，距离输入"50"，如图 8-114、图 8-115 所示，单击【进刀】，进刀类型选择【插削】，高度输入"50"，单击【确定】，完成非切削移动的设置。

（96）可变轮廓铣进给率和速度设置。单击【进给率和速度】，弹出进给率和速度对话框，主轴速度输入"6000"，切削输入"1500"，如图 8-116 所示，单击【确定】，完成进给率和速度设置。

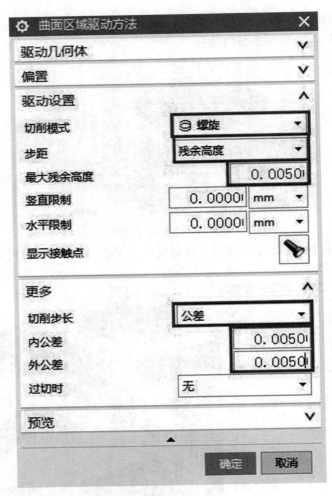

图 8-111　曲面区域驱动方法设置

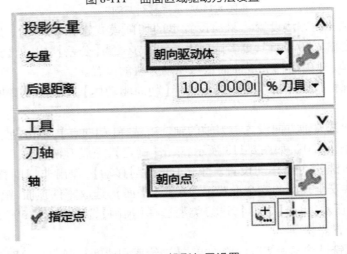

图 8-112　投影矢量设置

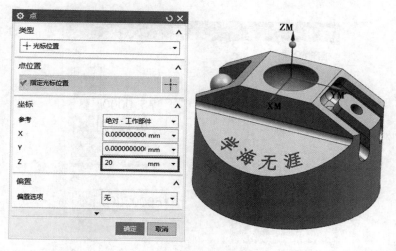

图 8-113　刀轴方向设置

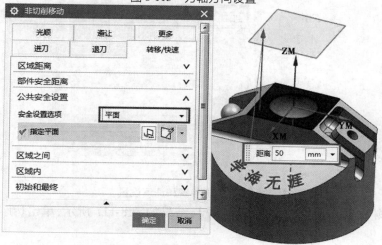

图 8-114　非切削移动设置

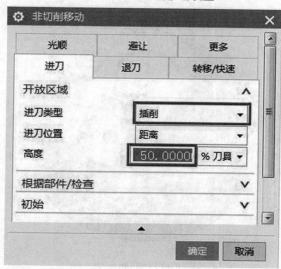

图 8-115　非切削移动设置

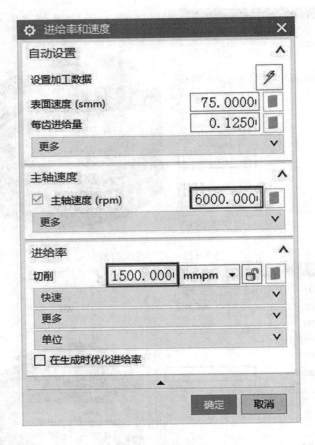

图 8-116　进给率和速度设置

(97) 可变轮廓铣刀轨生成。单击【生成】,结果如图 8-117 所示,单击【确定】,完成可变轮廓铣工序。

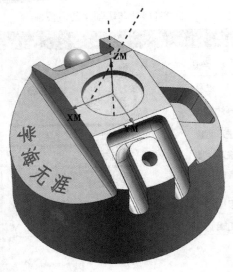

图 8-117　刀轨生成

（98）创建可变轮廓铣加工工序。右键单击【VARIABLE_CONTOUR】-【复制】，右键单击【VARIABLE_CONTOUR】，选择【粘贴】，双击打开粘贴的【VARIABLE_CONTOUR_COPY】，弹出可变轮廓铣对话框，单击【指定切削区域】，删除原切削区域，选取待加工曲面，如图 8-118 所示，完成切削区域的设置。

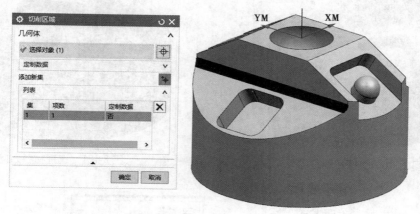

图 8-118　指定切削区域

（99）编辑驱动方法，单击编辑驱动方法，弹出曲面区域驱动方法对话框，单击【指定驱动几何体】，弹出驱动几何体对话框，删除原驱动几何体，选取待加工曲面，如图 8-119 所示，单击【确定】，完成驱动区域的选择。

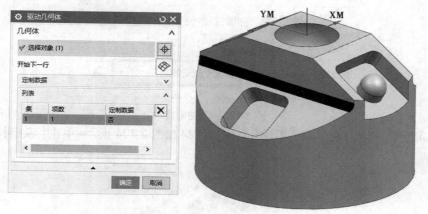

图 8-119　驱动区域选择

（100）曲面驱动切削方向设置。单击【切削方向】，选取圆角底部水平的箭头，如图 8-120 所示，完成切削方向选择。

（101）曲面驱动材料反向设置。单击【材料反向】，如图 8-121 所示，材料侧箭头指向零件外部，完成材料反向设置。

（102）曲面区域驱动方法设置。驱动设置里的切削模式选择【往复】，步距选择【数量】，步距数输入"30"；如图 8-122 所示，单击【确定】，完成曲面区域驱动方法的设置。

（103）可变轮廓铣刀轴设置。设置刀轴的轴选项为【垂直于驱动体】，如图 8-123 所示，完成刀轴设置。

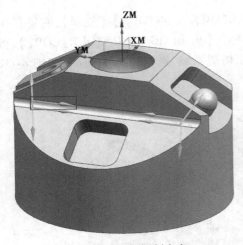

图 8-120　选择切削方向

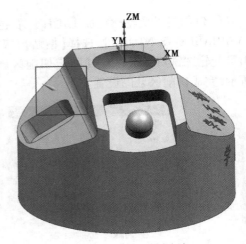

图 8-121　选择材料方向

图 8-122　曲面区域驱动方法设置

图 8-123　刀轴设置

(104)可变轮廓铣刀轨生成。单击【生成】,结果如图 8-124 所示,单击【确定】,完成可变轮廓铣工序。

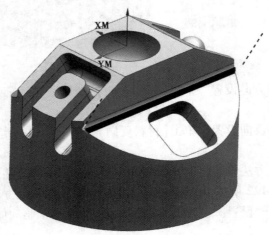

图 8-124　刀轨生成

（105）变换可变轮廓铣加工工序。右击【VARIABLE_CONTOUR_COPY】-【对象】-【变换】，弹出变换对话框，类型选择【通过一平面镜像】，指定平面为【XC 平面】，结果选择【复制】，距离/角度分割输入"1"，如图 8-125 所示，单击【确定】完成变换，变换结果如图 8-126 所示，完成可变轮廓铣加工工序变换。

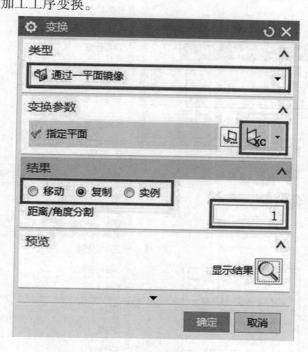

图 8-125　变换对话框设置

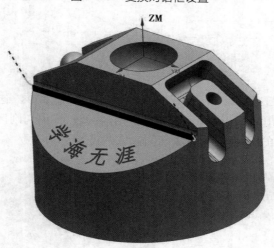

图 8-126　变换结果

（106）创建区域轮廓铣加工工序。在"工序导航器—几何"视图下，单击【主页】-【创建工序】，弹出创建工序对话框，类型选择【mill_contour】，工序子类型选择【区域轮廓铣】，位置程序选择【PROGRAM】，刀具选择【T3D4R2】，几何体选择【WORKPIECE】，方法选择【MILL_FINISH】，如图 8-127 所示，单击【确定】，弹出区域轮廓铣对话框，如图 8-128 所示。

图 8-127　创建工序设置

图 8-128　区域轮廓铣对话框

（107）区域轮廓铣切削区域设置。单击指定切削区域,弹出切削区域对话框,选取待加工曲面,如图 8-129 所示,单击【确定】,完成切削区域的设置。

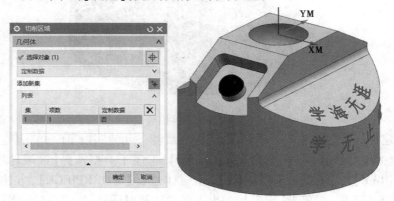

图 8-129　切削区域设置

（108）区域轮廓铣驱动方法设置。单击【编辑】驱动方法，弹出区域铣削驱动方法对话框，设置非陡峭切削模式为【跟随周边】，刀路方向选择【向外】，步距选择【恒定】，最大距离输入"0.2 mm"，步距已应用选择【在部件上】，如图8-130所示，单击【确定】，完成区域铣削驱动方法的设置。

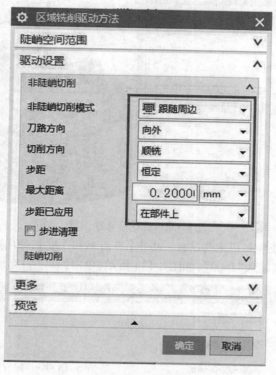

图 8-130　驱动方法设置

（109）区域轮廓铣刀轴方向设置。设置刀轴的轴选项为【指定矢量】，选取斜面，如图8-131所示，完成刀轴的设置。

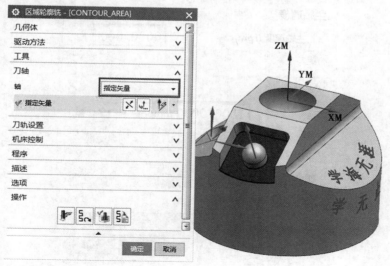

图 8-131　刀轴设置

（110）区域轮廓铣非切削移动设置。单击【非切削移动】，弹出非切削移动对话框，单击【转移/快速】，选择安全设置选项为【平面】，然后选择斜面，输入距离选择"50"，如图 8-132 所示，完成非切削移动设置。

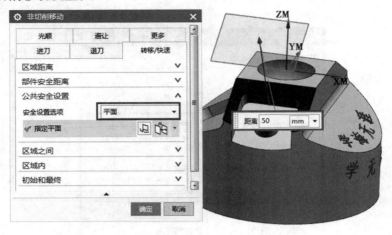

图 8-132　非切削移动设置

（111）区域轮廓铣进给率和速度设置。单击【进给率和速度】，弹出进给率和速度对话框，主轴速度输入"6000"，切削输入"1500"，如图 8-133 所示，单击【确定】，完成进给率和速度设置。

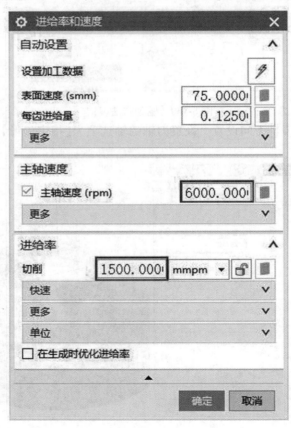

图 8-133　进给率和速度设置

（112）区域轮廓铣刀轨生成。单击【生成】，结果如图 8-134 所示，单击【确定】，完成区域轮廓铣工序。

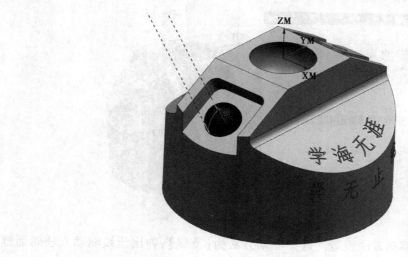

图 8-134 刀轨生成

（113）创建可变轮廓铣加工工序。在"工序导航器—几何"视图下，单击【主页】-【创建工序】，弹出创建工序对话框，类型选择【mill_multi_axis】，工序子类型选择【可变轮廓铣】，程序选择【PROGRAM】，刀具选择【T3D4R2】，几何体选择【WORKPIECE】，方法选择【MILL_FINISH】，如图 8-135 所示，单击【确定】，弹出可变轮廓铣对话框。

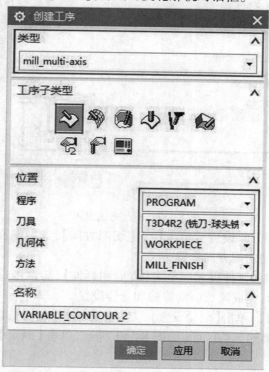

图 8-135 创建工序设置

（114）可变轮廓铣切削区域设置。单击【指定切削区域】，选取待加工曲面区域，如图8-136所示，完成切削区域的设置。

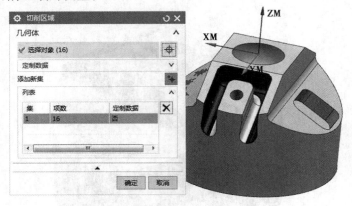

图8-136　指定切削区域

（115）可变轮廓铣驱动方法设置。选择驱动方法为【流线】，弹出流线驱动方法对话框，移除交叉曲线列表里的所有曲线集，如图8-137所示。

图8-137　驱动方法设置

（116）流线驱动切削方向设置。单击【指定切削方向】，选取斜面顶部水平的箭头，如图8-138所示，完成流线驱动切削方向设置。

（117）流线驱动修剪和延伸设置。单击【修剪和延伸】，起始步长选择"30"，结束步长选择"88"，如图8-139所示，完成流线驱动修剪和延伸设置。

（118）流线驱动设置。单击【驱动设置】，刀具位置选择【相切】，切削模式选择【往复】，步距选择【恒定】，最大距离输入"0.2"，如图8-140所示，单击【确定】，完成流线驱动方法的设置。

（119）可变轮廓铣投影矢量设置。矢量选择【朝向驱动体】，如图8-141所示，完成投影矢量设置。

（120）可变轮廓铣刀轴方向设置。刀轴的轴选择【相对于矢量】，弹出相对于矢量对话框，指定矢量选择【自动判断】，选取斜面顶面，侧倾角输入"6"，如图 8-142 所示，单击【确定】，完成刀轴的设置。

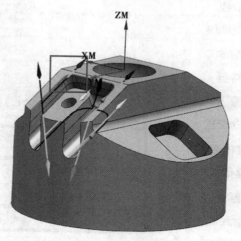

图 8-138　切削方向设置

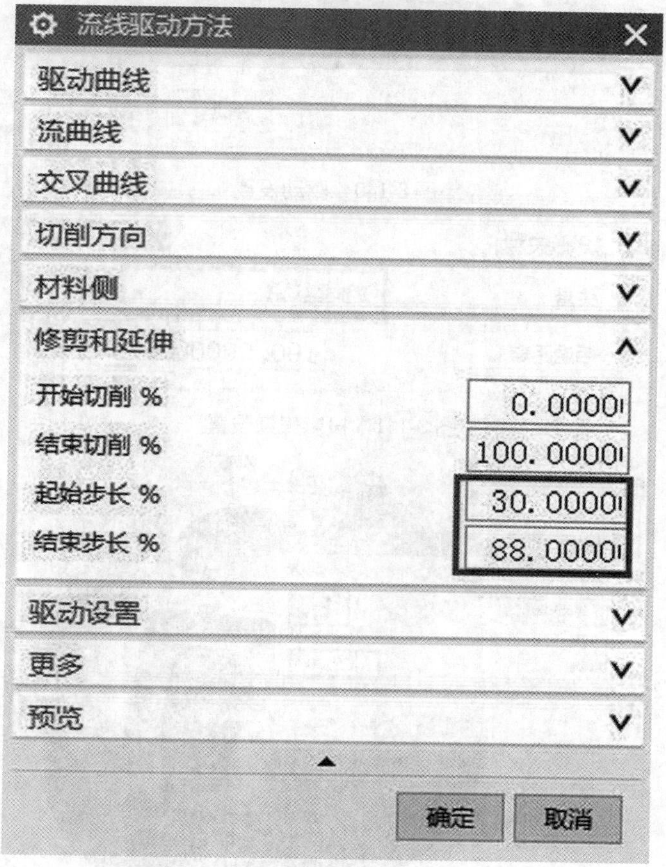

✿ 流线驱动方法	✕
驱动曲线	∨
流曲线	∨
交叉曲线	∨
切削方向	∨
材料侧	∨
修剪和延伸	∧
开始切削 %	0.0000l
结束切削 %	100.0000l
起始步长 %	30.0000l
结束步长 %	88.0000l
驱动设置	∨
更多	∨
预览	∨
▲	
确定	取消

图 8-139　修剪和延伸设置

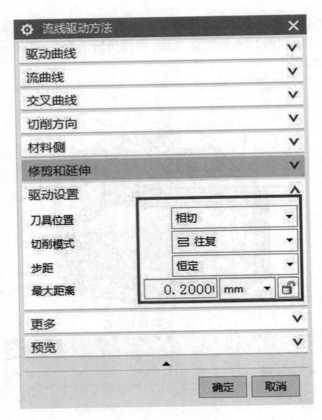

图 8-140　驱动设置

图 8-141　投影矢量设置

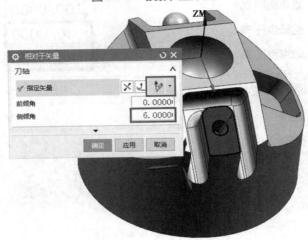

图 8-142　刀轴方向设置

（121）非切削移动的设置。单击【非切削移动】，弹出非切削移动对话框，单击【转移/快速】，选择安全设置选项为【平面】，然后选择斜面，距离输入"50"，如图 8-143 所示，单击【确定】，完成非切削移动的设置。

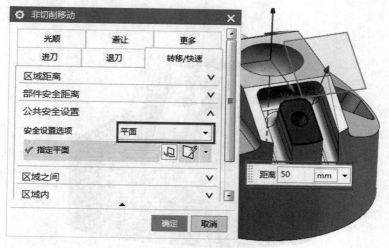

图 8-143 非切削移动设置

（122）可变轮廓铣进给率和速度设置。单击【进给率和速度】，弹出进给率和速度对话框，主轴速度输入"6000"，切削输入"1500"，如图 8-144 所示，单击【确定】，完成进给率和速度设置。

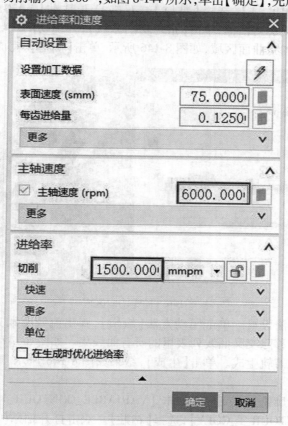

图 8-144 进给率和速度设置

（123）可变轮廓铣刀轨生成。单击【生成】，结果如图8-145所示，单击【确定】，完成可变轮廓铣工序。

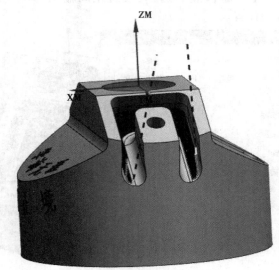

图8-145　刀轨生成

（124）创建可变轮廓铣加工工序。右键单击【VARIABLE_CONTOUR_1】-【复制】，右键单击【VARIABLE_CONTOUR_1】，选择【粘贴】。双击打开粘贴【VARIABLE_CONTOUR_1_COPY】程序，弹出可变轮廓对话框，单击【指定切削区域】，弹出切削区域对话框，移除列表里的所有集，重新选取待加工曲面区域，如图8-146所示，单击【确定】，完成切削区域的设置。

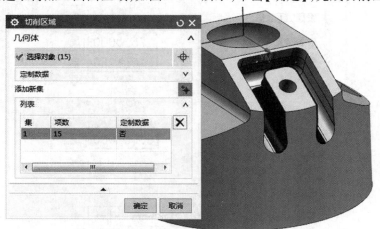

图8-146　指定切削区域

（125）流线驱动方法设置。单击驱动方法【编辑】，弹出流线驱动方法对话框，驱动曲线选择方法选择【自动】，移除交叉曲线列表里的所有曲线集。如图8-147所示。

（126）可变轮廓铣刀轨生成。单击【生成】，结果如图8-148所示，单击【确定】，完成可变轮廓铣工序。

（127）创建可变轮廓铣加工工序。右击【VARIABLE_CONTOUR_1_COPY】-【复制】，右键单击【VARIABLE_CONTOUR_1_COPY】，选择【粘贴】。双击打开粘贴【VARIABLE_CONTOUR

_1_COPY_COPY】程序,弹出可变轮廓对话框,单击【指定切削区域】,弹出切削区域对话框,移除列表里的所有集,重新待加工曲面区域,如图 8-149 所示,单击【确定】,完成切削区域的设置。

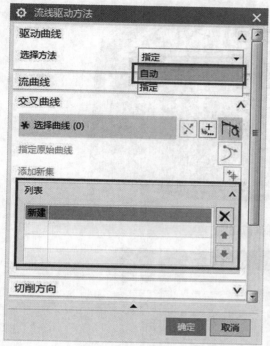

图 8-147　编辑流线驱动方法

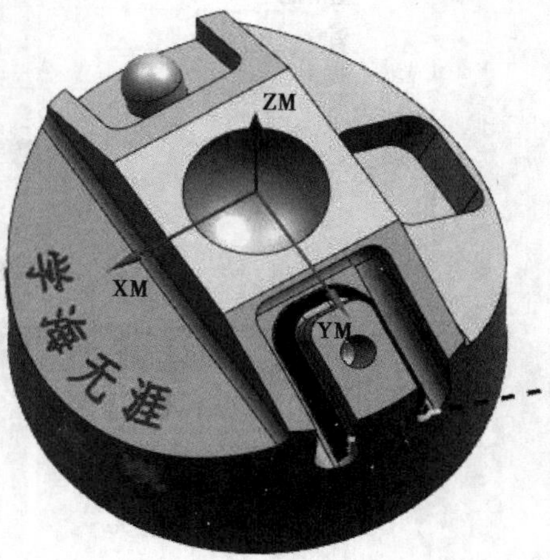

图 8-148　刀轨生成

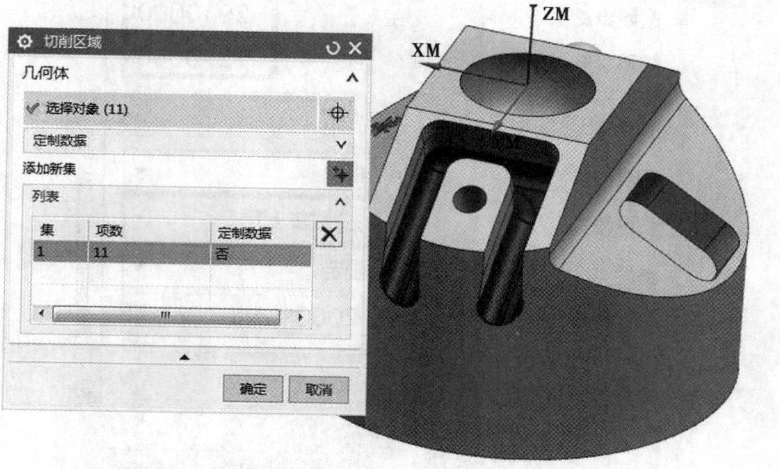

图 8-149　指定切削区域

（128）流线驱动方法材料侧设置。单击【材料反向】,如图 8-150 所示。完成流线驱动方法材料侧设置。

（129）流线驱动方法设置。单击【修剪和延伸】,起始步长输入"29",结束步长选择"72";驱动设置的切削模式为【往复上升】,如图 8-151 所示,单击【确定】,完成流线驱动方法的设置。

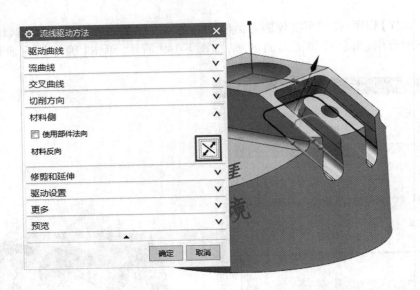

图 8-150　材料侧设置

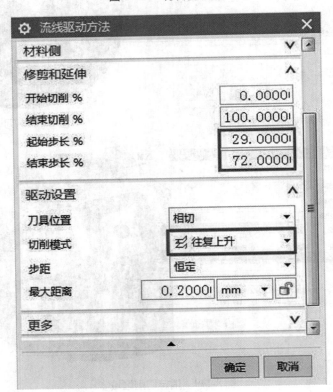

图 8-151　流线驱动方法设置

（130）可变轮廓铣刀轴方向设置。单击刀轴里的【编辑】，侧倾角输入"0"，如图 8-152 所示，单击【确定】，完成刀轴的设置。

（131）可变轮廓铣非切削移动设置。单击【非切削移动】，弹出非切削移动对话框，单击【进刀】，进刀类型选择【线性】，如图 8-153 所示，单击【确定】，完成非切削移动的设置。

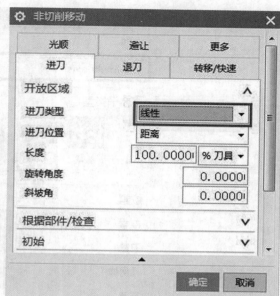

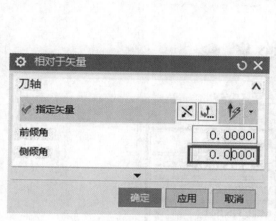

图 8-152　刀轴设置　　　　　　　　　　　图 8-153　非切削移动设置

（132）可变轮廓铣刀轨生成。单击【生成】，结果如图 8-154 所示，单击【确定】，完成可变轮廓铣工序。

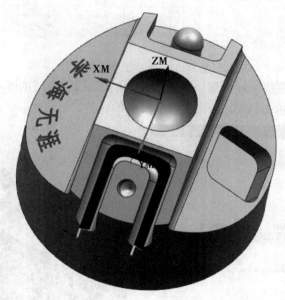

图 8-154　生成刀轨

（133）创建可变轮廓铣加工工序。在"工序导航器一几何"视图下，单击【主页】-【创建工序】，弹出创建工序对话框，类型选择【mill_multi_axis】，工序子类型选择【可变轮廓铣】，位置程序选择【PROGARM】，刀具选择【T4D1R0.5】，几何体选择【WORKPIECE】，方法选择【MILL_FINISH】，如图 8-155 所示，单击【确定】，弹出可变轮廓铣对话框。

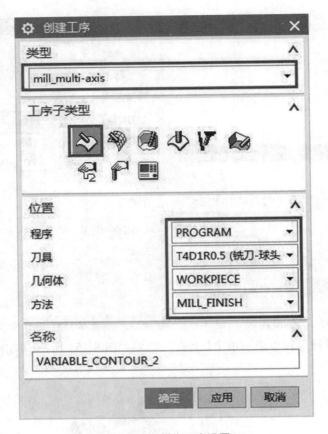

图 8-155　创建工序设置

（134）可变轴轮廓铣削区域设置。单击指定切削区域,弹出切削区域对话框,选取待加工曲面,如图 8-156 所示,单击【确定】,完成切削区域的设置。

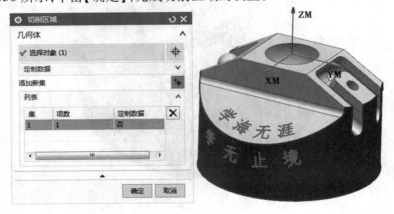

图 8-156　指定切削区域

（135）可变轮廓铣驱动方法设置。选择驱动方法为【曲线/点】,弹出曲线/点驱动方法对话框,选取字体轮廓,每一个封闭的区域作为单个曲线集(即每选一封闭轮廓中键确认),如图 8-157 所示,单击【确定】,完成曲线/点驱动方法的选择。

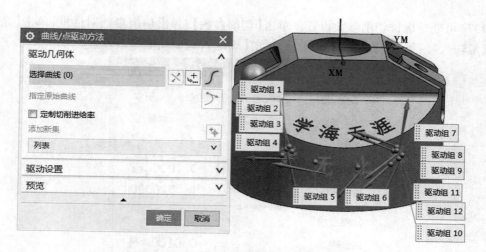

图 8-157 曲线/点驱动方法选择

（136）可变轮廓铣投影矢量和刀轴设置，投影矢量默认选择【刀轴】，刀轴默认选择【垂直于部件】，如图 8-158 所示。

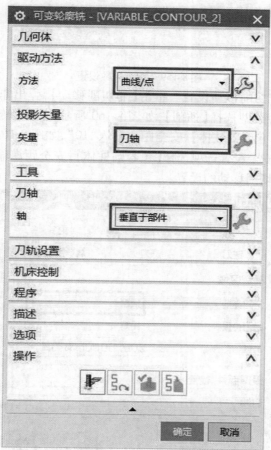

图 8-158 投影矢量和刀轴设置

（137）可变轮廓铣切削参数设置。单击【切削参数】，弹出切削参数对话框，单击【余量】，部件余量输入"﹣0.1"，如图8-159所示，单击【确定】，完成切削参数设置。

图8-159 切削参数设置

（138）可变轮廓铣非切削移动设置。单击【非切削移动】，弹出非切削移动对话框，单击【进刀】，开放区域的进刀类型选择【插削】，如图8-160所示；单击【转移/快速】，公共安全设置的安全设置选项选择【包容圆柱体】，安全距离输入"10"，如图8-161所示；单击【初始和最终】设置，逼近和离开的安全设置选项选择【包容圆柱体】，安全距离输入"50"，如图8-162所示，单击【确定】，完成非切削移动的设置。

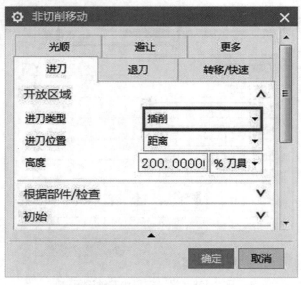

图8-160 非切削移动设置

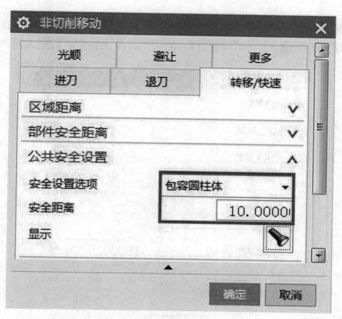

图 8-161　非切削移动设置

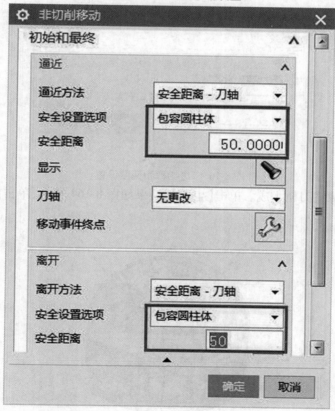

图 8-162　非切削移动设置

（139）可变轮廓铣进给率和速度设置。单击【进给率和速度】，弹出进给率和速度对话框，主轴速度输入"8000"，切削输入"150"，如图 8-163 所示，单击【确定】，完成进给率和速度设置。

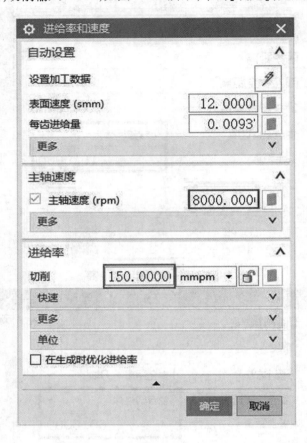

图 8-163　进给率和速度设置

（140）可变轮廓铣刀轨生成。单击【生成】，结果如图 8-164 所示，单击【确定】，完成可变轮廓铣工序。

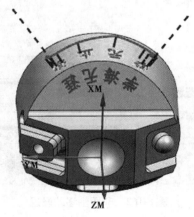

图 8-164　生成刀轨

（141）创建可变轮廓铣加工工序。右键单击【VARIABLE_CONTOUR_2】-【复制】，右键单击【VARIABLE_CONTOUR_2】，选择【粘贴】。双击打开粘贴【VARIABLE_CONTOUR_2_COPY】程序，弹出可变轮廓对话框，单击【指定切削区域】，弹出切削区域对话框，删除原切削区域，选择切削区域为字体斜面，如图 8-165 所示。

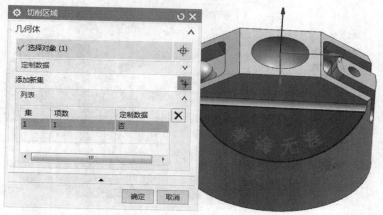

图 8-165　指定切削区域

（142）可变轮廓铣驱动方法编辑，单击驱动方法【编辑】，弹出曲线/点驱动方法对话框，移除列表里的所有集，重新选取斜面字体轮廓，如图 8-166 所示，单击【确定】，完成驱动方法的设置。

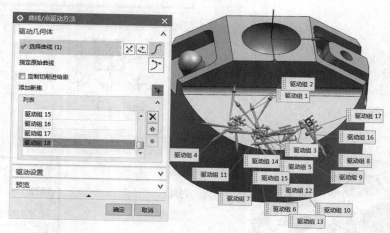

图 8-166　选择曲线集

（143）可变轮廓铣非切削移动设置。单击【非切削移动】，弹出非切削移动对话框，单击【转移/快速】，公共安全设置的安全设置选项选择【平面】，选取斜面，距离输入"10"，如图8-167所示，单击【确定】，完成非切削移动的设置。

（144）可变轮廓铣刀轨生成。单击【生成】，结果如图 8-168 所示，单击【确定】，完成可变轮廓铣工序。

（145）创建中心孔工序。单击【主页】-【创建工序】，弹出创建工序对话框。类型选择【drill】，工序子类型选择【定心钻】，程序选择【PROGRAM】，刀具选择【T5ZZ（中心钻刀）】，几何体选择【WORKPIECE】,方法选择【DRILL_METHOD】,如图 8-169 所示,单击【确定】,弹出定心钻对话框。

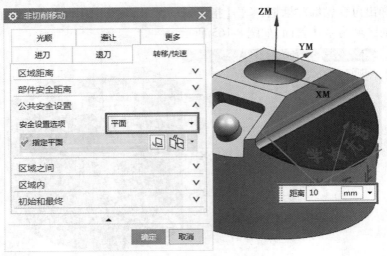

图 8-167 非切削移动设置

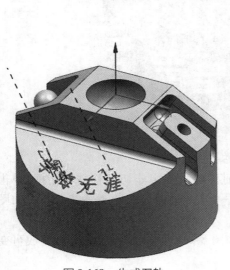

图 8-168 生成刀轨

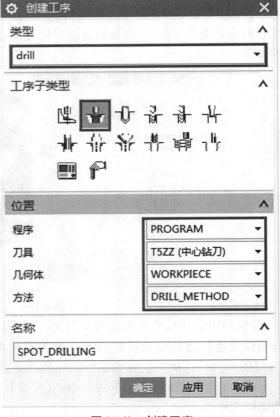

图 8-169 创建工序

（146）指定加工孔。单击【指定孔】,弹出点到点几何体对话框,单击【选择】,弹出选择点对话框,选择如图8-170所示孔,单击【确定】,完成指定孔。

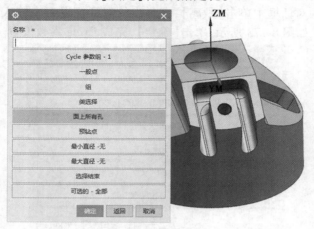

图8-170　选择孔

（147）指定顶面。单击【指定顶面】,弹出顶面对话框,顶面选项选择【面】,选择工件上表面为顶面。如图8-171所示。单击【确定】,完成指定顶面。

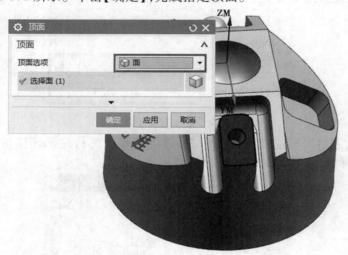

图8-171　顶面选择

（148）中心孔工序刀轴方向设置。刀轴的轴选项选择【垂直于部件表面】,如图8-172所示,完成刀轴的设置。

图8-172　刀轴方向设置

（149）中心孔编辑循环类型。单击【循环类型】,单击【编辑】,弹出指定参数组对话框,单击【确定】,弹出Cycle参数对话框。单击【Depth】设置钻孔深度,弹出Cycle深度对话框,单击

【刀尖深度】,弹出深度输入对话框,深度输入"4",单击【确定】,完成钻孔深度设置。单击【进给率】,弹出"Cycle 进给率"对话框,进给速度输入"100",单击【确定】,完成进给率设置。单击【Rtrcto】,在弹出的对话框中单击【距离】,在弹出的对话框退刀中输入"50",单击【确定】,完成退刀高度设置。如图 8-173 所示,单击【确定】,完成 Cycle 参数设置。

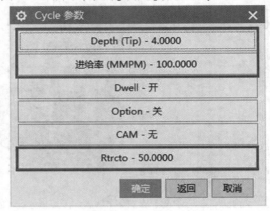

图 8-173　Cycle 参数对话框

（150）中心孔设置最小安全距离。最小安全距离输入"0.5",如图 8-174 所示。

图 8-174　最小安全距离设置

（151）中心孔进给率和速度设置。单击【进给率和速度】,主轴速度输入"2 000",如图 8-175所示,单击【确定】,完成转速和进给的设置。

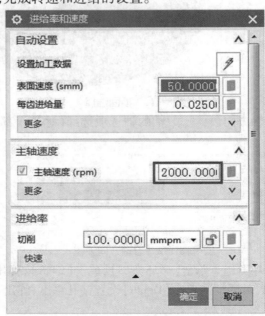

图 8-175　进给率和速度设置

（152）生成刀轨，单击【确定】，如图 8-176 所示。完成中心孔工序。

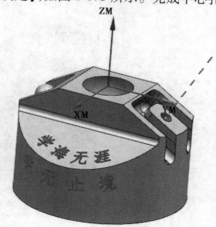

图 8-176　钻中心孔刀轨

（153）创建断削钻孔加工工序。在"工序导航器—几何"视图下，单击【主页】-【创建工序】，弹出创建工序对话框。类型选择【drill】，工序子类型选择【断削钻】，程序选择【PROGRAM】，刀具选择【T6Z8】，几何体选择【WORKPIECE】，方法选择【DRILL_METHOD】，如图 8-177 所示，单击【确定】，弹出断屑钻对话框。

图 8-177　创建工序设置

（154）指定加工孔。单击【指定孔】，弹出点到点几何体对话框，单击【选择】，弹出选择点对话框，选择如图 8-178 所示的孔，单击【确定】，完成指定孔。

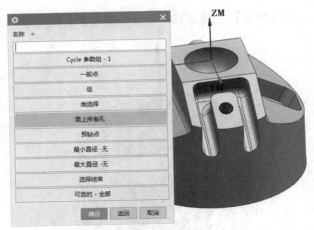

图 8-178　选择孔

（155）指定顶面。单击【指定顶面】，弹出顶面对话框，顶面选项选择【面】，选择工件上表面为顶面，如图 8-179 所示，单击【确定】，完成指定顶面。

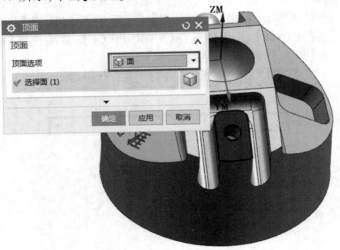

图 8-179　顶面选择

（156）断削钻孔加工工序刀轴方向设置。刀轴的轴选项选择【垂直于部件表面】，如图 8-180 所示，完成刀轴的设置。

图 8-180　刀轴方向设置

（157）断削孔编辑循环类型，单击【循环类型】，单击【编辑参数】，弹出指定参数组对话框，单击【确定】，弹出 Cycle 参数对话框。单击【进给率】，弹出 Cycle 进给率对话框，输入进给速度"80"，单击【确定】，完成进给率设置。单击【Rtrcto】，在弹出的对话框中单击【距离】，在弹出的对话框退刀中输入"50"，单击【确定】，完成退刀高度设置。单击【Step 值】，选择"Step#1"，输入"3"，单击【确定】，如图 8-181 所示，单击【确定】，完成 Cycle 参数设置。

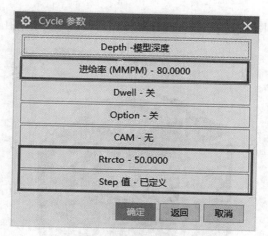

图 8-181 Cycle 参数对话框

（158）断削孔设置最小安全距离。最小安全距离输入"0.5"，如图 8-182 所示。

图 8-182 最小安全距离设置

（159）进给率和速度设置。在刀轨设置中，单击【进给率和速度】，主轴速度输入"1 000"，如图 8-183 所示，单击【确定】，完成进给率和速度设置。

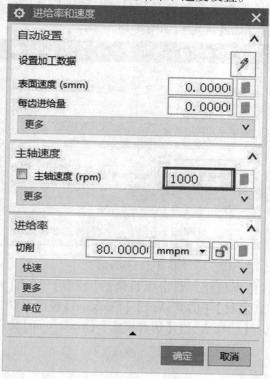

图 8-183 进给率和速度设置

（160）生成刀轨，单击【确定】，结果如图 8-184 所示。完成断削孔加工工序。

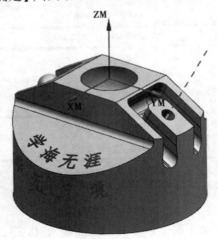

图 8-184　生成刀轨

任务 8.3　VERICUT 仿真加工

（1）新建项目。打开 VERICUT 软件，菜单栏单击【文件】→【新项目】，弹出【新的 VERICUT 项目】对话框，单击浏览新的项目文件名，弹出【选择项目文件】对话框，选择存放路径，单击【新文件夹】，弹出【新次级文件夹名】对话框，输入【8-1】，单击【确定】→【确定】，将【没有命名的_】改为【8-1】，单击【确定】，如图 8-185 所示。

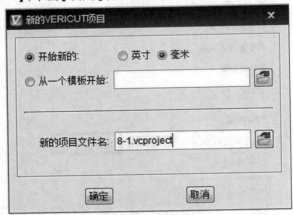

图 8-185　新建项目

（2）导入仿真系统和仿真机床。双击项目树的【控制】，弹出【控制系统】对话框，打开【素材】文件夹，选择【仿真素材】-【仿真系统】-【5axis. ctl】控制系统文件，双击项目树的【机床】，弹出机床对话框，选择【仿真素材】-【仿真机床】-【5axis. mch】文件，如图 8-186 所示。

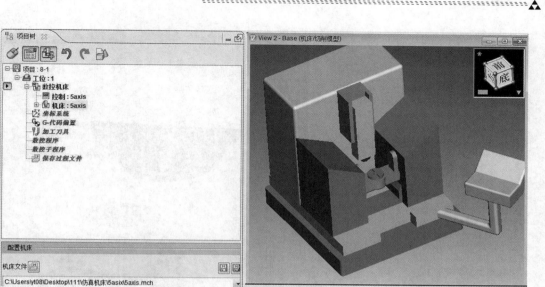

图 8-186　添加系统和机床文件

（3）添加夹具。右键单击附属下的【Fixture】→【添加模型】→【圆柱】，配置模型单击【模型】选项卡，高度输入"50"，半径输入"80"，单击【组合】选项卡，选择夹具底面与工作台配对，完成后位置将显示为【0 0 –205】，如图 8-187 所示。

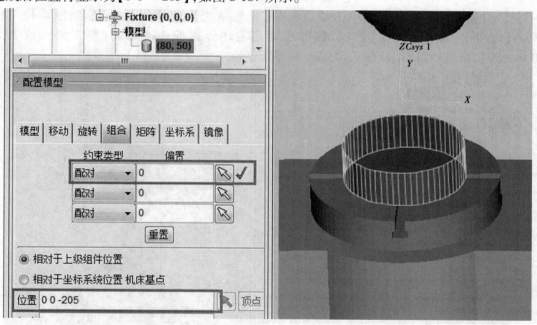

图 8-187　添加夹具结果

（4）添加毛坯。右键单击项目树附属下的【Stock】→【添加模型】→【圆柱】，配置模型单击【模型】选项卡，高度输入"65"，半径"48"，单击【组合】选项卡，选择毛坯底面与夹具顶面配对，完成后位置将显示为【0 0 –155】，如图 8-188 所示。

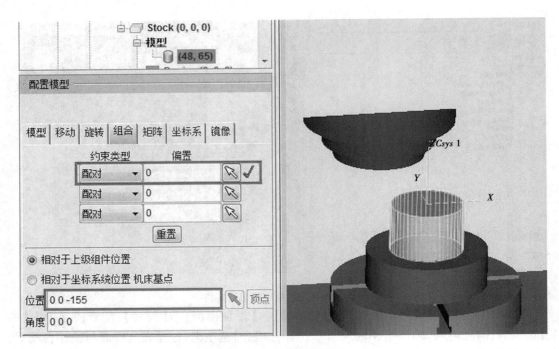

图 8-188　添加毛坯结果

(5)设置坐标系统。右键单击项目树的【坐标系统】,选择【添加新的坐标系】,单击【Csys】选项卡,单击【位置】选项,鼠标移动到毛坯上表面中心单击,确定坐标位置为【0 0 －90】,结果如图 8-189 所示,完成坐标系统创建。

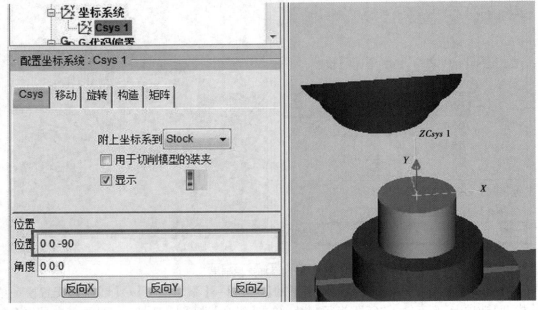

图 8-189　添加坐标系统结果

(6)设置 G-代码偏置。单击项目树的【G-代码偏置】,配置 G-代码偏置中,偏置名选择【程序零点】,单击【添加】,进入配置程序零点,定位方式从【组件】-【Tool】到【坐标原点】-【Csys 1】,如图 8-190 所示。

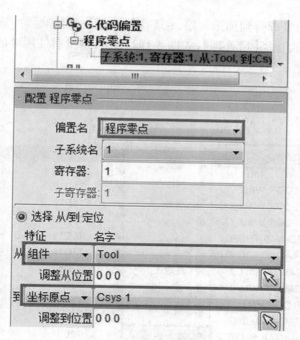

图 8-190 G 代码偏置设置

（7）添加刀具。双击项目树的【加工刀具】，弹出刀具管理器对话框，选择工具条【打开文件】，打开【素材】文件夹，选择【仿真素材】-【仿真刀具】-【8-1-TOOL】，单击打开，如图 8-191 所示，完成后关闭窗口。

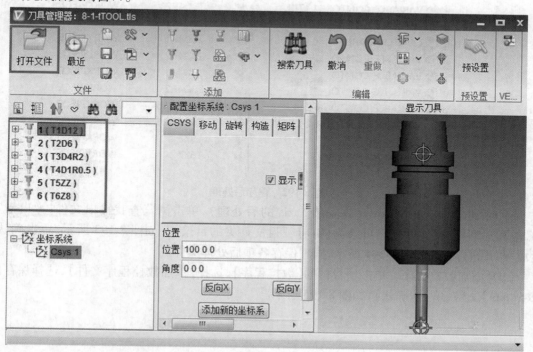

图 8-191 添加刀具

（8）后置处理。后处理得到加工程序，在 UG 软件的工序导航器中选择几何视图，右键单击【WORKPIECE】一项，选择【后处理】，如图 8-192 所示，弹出后处理对话框。

工序导航器 – 几何				
名称		刀轨	刀具	几何体
GEOMETRY				
📄 未用项				
⊟ MCS_MILL				
⊟ WORKPIECE				
CAVITY_MILL	🔧 编辑...	✓	T1D12	WORKPIECE
FLOOR_WALL	✂ 剪切		T1D12	WORKPIECE
FLOOR_WALL_COP	📋 复制		T1D12	WORKPIECE
FLOOR_WALL_COP	❌ 删除		T1D12	WORKPIECE
PLANAR_PROFILE	📝 重命名		T1D12	WORKPIECE
PLANAR_PROFILE_			T1D12	WORKPIECE
CAVITY_MILL_1	📇 生成		T2D6	WORKPIECE
CAVITY_MILL_1_CO	🔀 并行生成		T2D6	WORKPIECE
FLOOR_WALL_1	🔁 重播		T2D6	WORKPIECE
REST_MILLING			T2D6	WORKPIECE
PLANAR_PROFILE_	📇 后处理		T2D6	WORKPIECE
CAVITY_MILL_1_CO			T2D6	WORKPIECE
CAVITY_MILL_1_CO	插入 ▶		T2D6	WORKPIECE
FLOOR_WALL_1_CO	对象 ▶		T2D6	WORKPIECE
VARIABLE_CONTO			T3D4R2	WORKPIECE
VARIABLE_CONTO	刀轨 ▶		T3D4R2	WORKPIECE
VARIABLE_CONTO	工件 ▶		T3D4R2	WORKPIECE
CONTOUR_AREA			T3D4R2	WORKPIECE
VARIABLE_CONTO	🔖 信息		T3D4R2	WORKPIECE
VARIABLE_CONTO	📋 属性		T3D4R2	WORKPIECE
VARIABLE_CONTO			T3D4R2	WORKPIECE
VARIABLE_CONTOUR_2		✓	T4D1R0.5	WORKPIECE
VARIABLE_CONTOUR_2_COPY		✓	T4D1R0.5	WORKPIECE
SPOT_DRILLING		✓	T5ZZ	WORKPIECE
BREAKCHIP_DRILLING		✓	T6Z7	WORKPIECE

图 8-192　程序后处理

（9）后处理器选择【5axis】（先安装 5axis 的后处理），单击浏览查找输出文件，弹出指定 NC 输出对话框，将文件指定目录为【8-1】项目文件夹的目录下，如图 8-193 所示，单击确认，生成 NC 代码文件，如图 8-194 所示，同理保存各项后处理文件。

（10）添加数控程序。单击项目树的【数控程序】，选择【添加数控程序文件】，选择保存的【8-1.mpf】文件，单击【确认】，如图 8-195 所示。

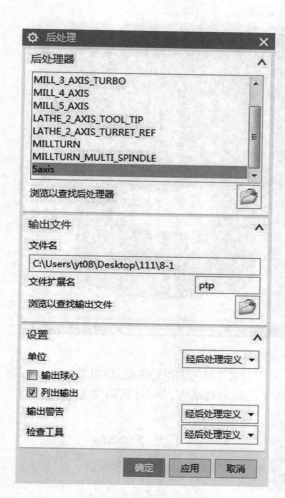

图 8-193 后处理选择

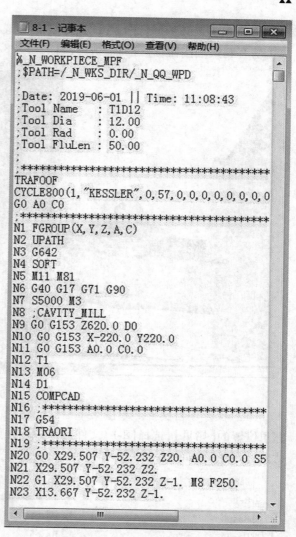

8-1 - 记事本

文件(F) 编辑(E) 格式(O) 查看(V) 帮助(H)

```
%_N_WORKPIECE_MPF
;$PATH=/_N_WKS_DIR/_N_QQ_WPD

;Date: 2019-06-01 || Time: 11:08:43
;Tool Name  : T1D12
;Tool Dia   : 12.00
;Tool Rad   : 0.00
;Tool FluLen : 50.00

;******************************************
TRAFOOF
CYCLE800(1,"KESSLER",0,57,0,0,0,0,0,0,0,0
G0 A0 C0
;******************************************
N1 FGROUP(X,Y,Z,A,C)
N2 UPATH
N3 G642
N4 SOFT
N5 M11 M81
N6 G40 G17 G71 G90
N7 S5000 M3
N8 ;CAVITY_MILL
N9 G0 G153 Z620.0 D0
N10 G0 G153 X-220.0 Y220.0
N11 G0 G153 A0.0 C0.0
N12 T1
N13 M06
N14 D1
N15 COMPCAD
N16 ;******************************************
N17 G54
N18 TRAORI
N19 ;******************************************
N20 G0 X29.507 Y-52.232 Z20. A0.0 C0.0 S5
N21 X29.507 Y-52.232 Z2.
N22 G1 X29.507 Y-52.232 Z-1. M8 F250.
N23 X13.667 Y-52.232 Z-1.
```

图 8-194 生成 NC 代码

图 8-195 添加数控程序

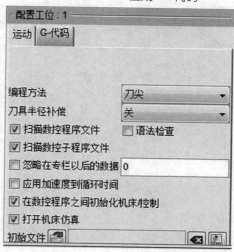

图 8-196 编程方法选择

（11）单击项目树的【工位 1】，选择 G-代码选项卡的编程方法为【刀尖】，如图 8-196 所示。单击仿真到末端按钮，进行加工仿真，结果如图 8-197 所示。

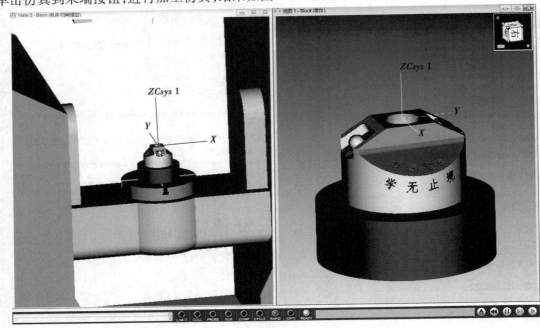

图 8-197　仿真结果

（12）保存项目文件。单击菜单栏的【文件】→【文件汇总】，弹出文件汇总对话框，单击左上角位置的【拷贝】，选择【8-1】文件目录，单击【确定】，弹出对话框，单击【所以全是】，关闭对话框，保存结果如图 8-198 所示。

5axis.ctl	5axis.mch	8-1 TOOL.tls
8-1	8-1.vcproject	A
Base	Base1	Base2
Base4	Base5	Base6
Base7	Base8	C
mom_information	sin840d.def	sin840d.spf
Spindle	vericut	wizd_information
Y	Z	

图 8-198　保存项目文件

项目九

叶轮的数控编程与 VERICUT 仿真加工

【教学目标】

能力目标:能运用 UG NX 11.0 软件完成叶轮零件的编程。

能运用 VERICUT 8.0 软件对零件进行虚拟仿真加工。

能使用加工中心五轴设备对零件进行切削加工。

知识目标:掌握叶轮加工铣削几何体设置。

掌握叶轮加工模块应用。

知识目标:激发学生自主学习的兴趣,培养学生团队合作精神和创新精神。

【项目导读】

叶轮既指装有动叶的轮盘,是冲动式汽轮机转子的组成部分,又可以指轮盘与安装其上的转动叶片的总称。叶轮可以根据形状以及开闭合情况进行分类。适用于带有数控回转台的五轴加工中心进行加工。

【任务描述】

学生以企业制造部门 NC 数控程序员的身份进入 UG NX 11.0 CAM 功能模块,根据叶轮零件特征,制定合理的工艺路线,创建五轴粗加工、半精加工、精加工的操作,设置必要的加工参数,生成刀具路径,通过相应的后处理生成 G 代码;在 VERICUT 8.0 仿真软件进行虚拟仿真加工,解决存在的问题和不足,并对操作过程中存在的问题进行研讨和交流,并运用五轴加工中心对零件进行切削加工。

【工作任务】

按照零件加工要求,制定叶轮零件的加工工艺;编制叶轮零件加工程序;完成叶轮零件仿真加工;优化数控程序后在五轴加工中心完成零件加工。

任务9.1　制订加工工艺

1. 叶轮零件分析

叶轮零件单片叶特征比较复杂,曲面的特征需要五轴联动加工,底部为圆柱特征,可以作为零件的装夹位置。

2. 毛坯选用

零件材料为硬铝,为了零件在五轴机床上的装夹方便,整体圆柱的特征已在车床上精加工完成,无须再对其圆柱外形特征进行加工,只需在五轴加工中心进行联动粗加工、精加工叶片和五轴联动刻字。

3. 制订数控加工工序卡

零件选用立式五轴联动加工中心(A + C 轴)加工,自定心三抓卡盘装夹,根据先粗后精的加工原则,制定数控加工工序卡,如表9-1 所示。

表9-1　数控加工工序卡

零件名称		叶轮	零件图		9-1		夹具名称		定心三抓卡盘
设备名称及型号			五轴加工中心						
材料名称及牌号			硬铝		工序名称				
工步内容	切削参数			刀　具					
	主轴转速	进给速度	编号	名　称					
开粗	2 500	1 000	T1	T1D4R2					
半精加工轮毂	2 800	800	T1	T1D4R2					
半精加工叶片	2 800	800	T1	T1D4R2					
精加工轮毂	2 800	800	T1	T1D4R2					
精加工叶片	2 800	800	T1	T1D4R2					
精加工叶根圆	2 800	800	T1	T1D4R2					
圆柱斜面刻字	8 000	150	T2	T2R0.8					

任务9.2　编制加工程序

(1)导入零件。UG NX 11.0 打开 9-1.prt 文件,进入建模模块界面,如图9-1 所示。

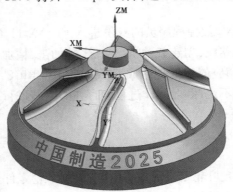

图9-1　打开文件

（2）进入加工模块。单击【文件】→【启动】→【加工】，如图 9-2 所示，弹出加工环境对话框，CAM 会话配置选择"cam_general"；要创建的 CAM 组装选择"mill_multi_blade"，如图 9-3 所示，单击【确定】，进入加工模块。

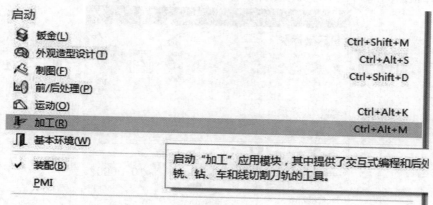

图 9-2　转换至加工

图 9-3　加工环境对话框

（3）设定机床坐标系。切换【几何视图】，双击工序导航器中的【MCS_MILL】，弹出 MCS 铣削对话框，如图 9-4 所示，单击【指定 MCS】，弹出 CSYS 对话框，类型默认选择【对象的 CSYS】，选择顶面圆的圆心作为机床坐标系，如图 9-5 所示，单击【确定】。

图 9-4　MCS 铣削对话框

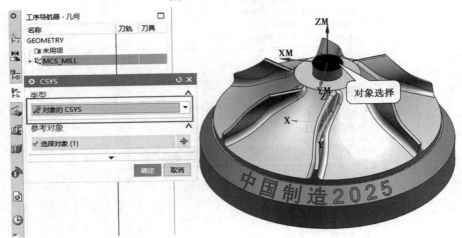

图 9-5　选择对象的 CSYS

（4）设置安全平面。选择安全设置选项中的自动平面，安全距离输入"20"，如图 9-6 所示，单击【确定】，完成加工坐标的设置。

（5）指定部件。双击【WROKPIECE】，弹出工件对话框，如图 9-7 所示；单击【指定部件】，弹出部件几何体对话框，选择"几何体"为叶轮部件，如图 9-8 所示，单击【确定】，完成指定部件选择。

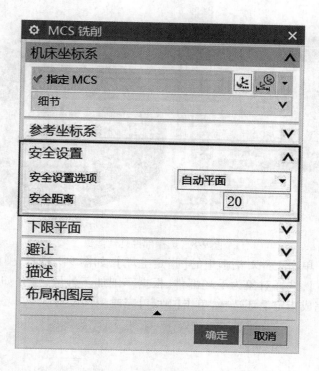

图 9-6　MCS 铣削对话框

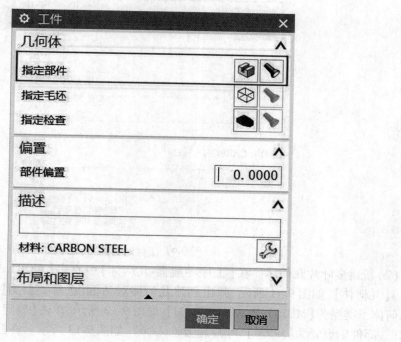

图 9-7　工件对话框

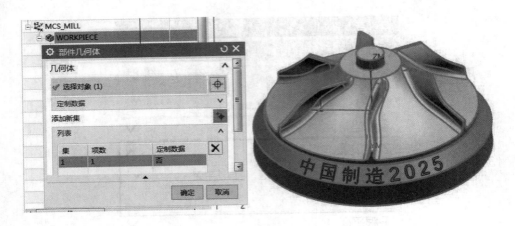

图 9-8　选择部件几何体

（6）指定毛坯。单击工件对话框里的【指定毛坯】，如图 9-9 所示，弹出部件毛坯对话框，类型选择为【几何体】，选择对象为毛坯部件，根据车削加工外形，建立如图 9-10 所示的毛坯部件，单击【确定】完成指定毛坯选择，单击【确定】完成工件设置。

图 9-9　工件对话框

（7）新建多叶片几何体。在【工序导航器-几何体】中右击【WORKPIECE】，单击选择【插入】→【几何体】，如图 9-11 所示，弹出创建几何体对话框，选择类型为【mill_multi_blade】，选择几何体子类型为【MULTI_BLADE_GEOM】如图 9-12 所示，单击【确定】，弹出多叶片几何体对话框，部件轴设置为【+ZM】，叶片总数输入"6"，如图 9-13 所示。在几何体中单击【指定轮毂】，弹出轮毂几何体对话框，选择对象如图 9-14 所示；在几何体中单击【指定包覆】，弹出包覆几何体对话框，选择对象如图 9-15 所示；在几何体中单击【指定叶片】，弹出叶片几何体对话框，选择对象如图 9-16 所示；在几何体中单击【指定叶跟圆角】，弹出叶跟圆角几何体对话框，选择对象如图 9-17 所示；完成多叶片几何体设定，如图 9-18 所示，单击【确定】。

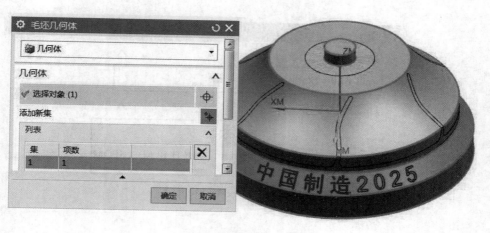

图 9-10 选择毛坯几何体

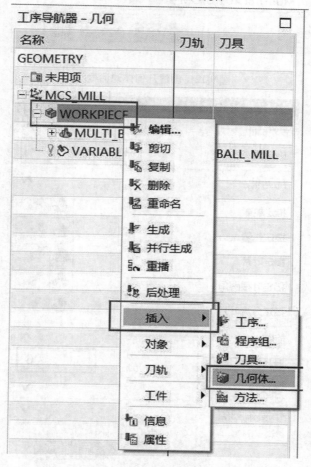

图 9-11 进入几何体对话框

图 9-12　创建几何体对话框

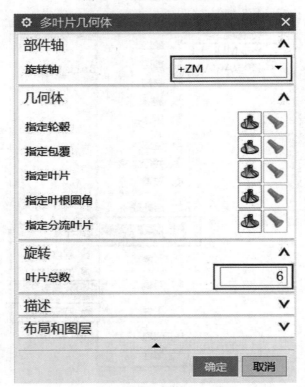

图 9-13　多叶片几何体对话框

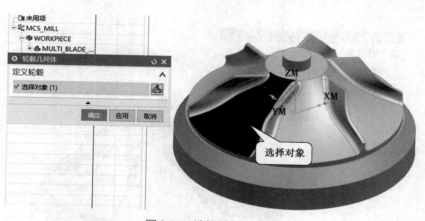

图 9-14 选择轮毂几何体

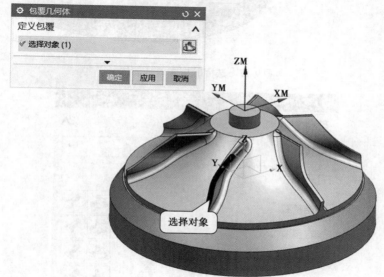

图 9-15 选择包覆几何体

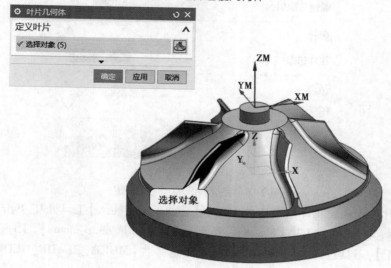

图 9-16 选择叶片几何体

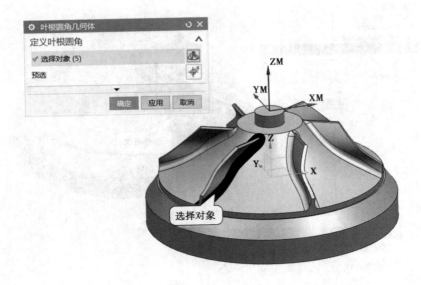

图 9-17　选择叶根圆角几何体

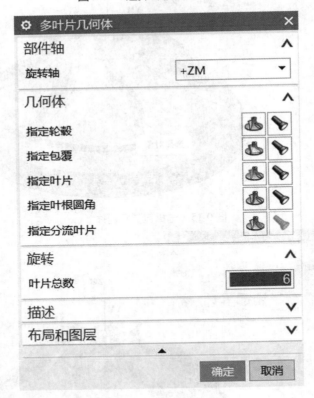

图 9-18　完成多叶片几何体设定

（8）创建叶片粗加工工序。单击菜单选择【主页】，在【插入】工具条中单击【创建工序】，如图 9-19 所示，弹出【创建工序】对话框。类型选择为【mill_multi_blade】，工序子类型选择为【多叶片粗加工】，刀具选择为【T1D4R2】，几何体选择为【MULTI_BLADE_GEOM】，方法选择为【MULTI_ROUGH】如图 9-20 所示,单击【确定】,弹出多叶片粗加工对话框,如图 9-21 所示。

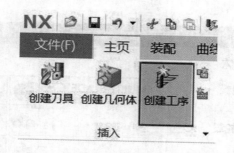

图 9-19　进入创建工具对话框

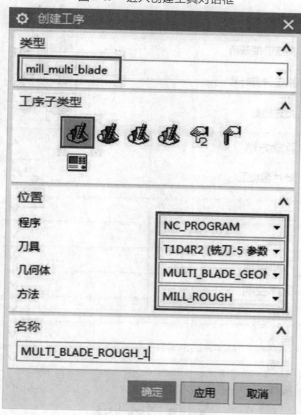

图 9-20　创建工序对话框

（9）多叶片粗加工驱动方法设定。在多叶片粗加工对话框中单击【驱动方法】,单击【叶片粗加工】,弹出叶片粗加工驱动方法对话框,设置叶片粗加工驱动参数,叶片边选择为【沿叶片方向】,切向延伸输入"50",径向延伸输入"0.5",单击【指定起始位置】,选择如图9-22所示箭头,切削模式选择为【往复上升】,切削方向选择为【混合】,步距选择为【恒定】,最大距离输入"1"。如图 9-23 所示,单击【确定】,完成驱动方法设定。

图 9-21　多叶片粗加工对话框

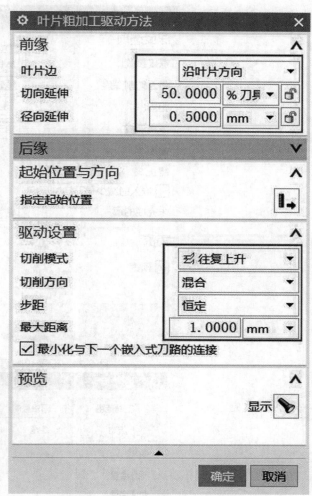

图 9-23　设置叶片粗加工驱动方法

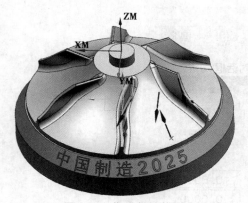

图 9-22　指定起始位置

（10）多叶片粗加工切削层设定。在多叶片粗加工对话框中单击【切削层】,弹出切削层对话框,深度模式选择为【从包覆插补至轮毂】,每刀切削深度选择为【恒定】,距离输入"1",其余选项为默认即可。如图 9-24 所示,单击【确定】,完成切削层设定。

（11）多叶片粗加工切削参数设定。在多叶片粗加工对话框中单击【切削参数】,弹出切削参数对话框,余量选项卡中的叶片余量输入"0.5",轮毂余量输入"0.5",检查余量输入"0.5",如图 9-25 所示。其余选项卡默认参数即可,单击【确定】,完成切削参数设置。

（12）多叶片粗加工非切削移动设置。单击【非切削移动】,单击【光顺】,取消替代为光顺连接的对钩,如图 9-26 所示。单击【转移/快速】,公共安全设置类型选择为【无】,如图2-27 所示。单击【进刀】,开放区域进刀类型选择为【圆弧-平行于刀轴】,半径输入"50",圆弧角度输入"30",旋转角度输入"0",圆弧前部和后部延伸均输入"0"。如图 9-28 所示,其他均为默认设置即可。单击【确定】,完成非切削移动参数设定。

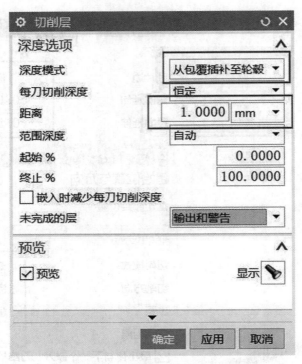

图 9-24　设置切削层对话框

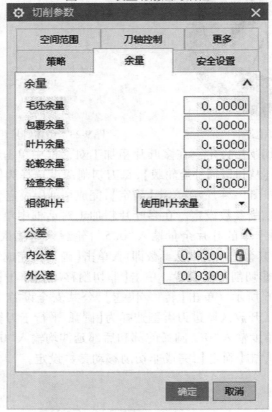

图 9-25　设置切削参数对话框

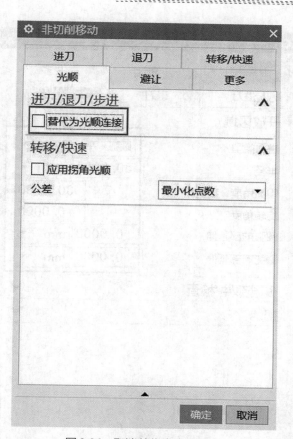

图 9-26　取消替代为光顺连接

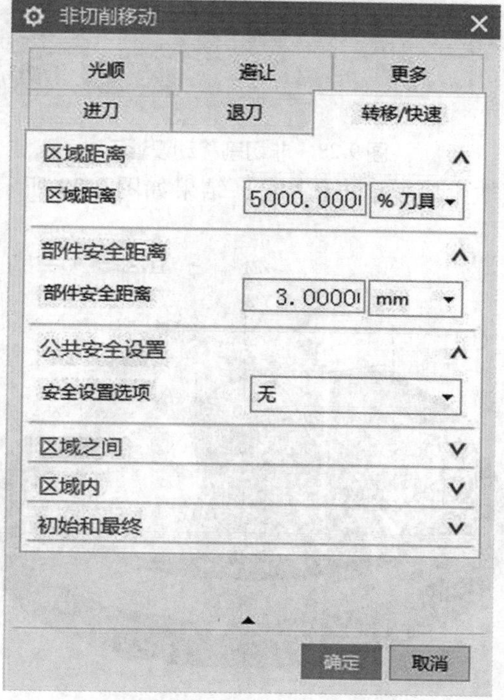

图 9-27　公共安全设置

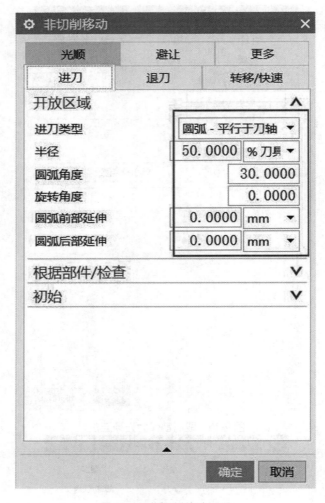

图 9-28　非切削移动设置

（13）多叶片粗加工刀轨生成。单击【生成】，结果如图 9-29 所示，单击【确定】，完成多叶片粗加工工序。

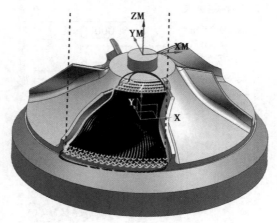

图 9-29　多叶片粗加工刀轨生成

（14）多叶片粗加工刀轨变换。在工序导航器里，右击【MULTI_BLADE_ROUGH】，选择
【对象】-【变换】，如图 9-30 所示。弹出变换对话框，类型设置为【绕直线旋转】，变换参数-直
线方法设置为【点和矢量】，指定点选为【工件坐标原点】，指定矢量为【向上的 ZC 轴】，角度输
入【360】，结果选择【复制】，距离/角度分割输入"6"，非关联副本数输入"5"，如图 9-31 所示。
单击【确定】，结果如图 9-32 所示，完成多叶片粗加工刀轨变换。

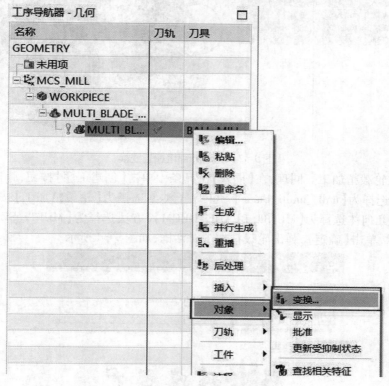

图 9-30　多叶片粗加工变换

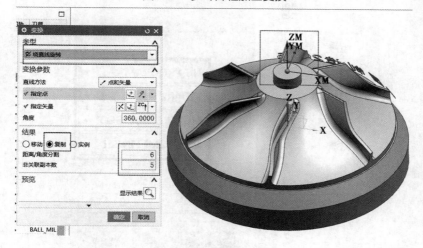

图 9-31　变换参数设置

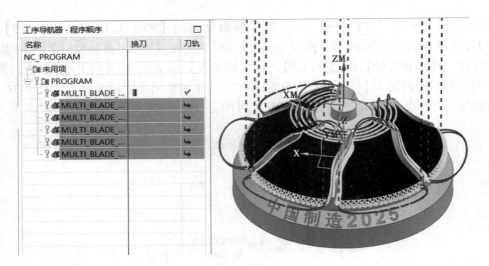

图 9-32　完成叶片粗加工变换

（15）创建轮毂精加工。同理,在【插入】工具条中单击【创建工序】按钮,弹出创建工序对话框。将类型选择为【mill _multi_blade】。工序子类型选择为【轮毂精加工】按钮,刀具选择为【T1D4R2】,几何体选择为【MULTI_BLADE_GEOM】,方法选择为【MULTI_SEMI_FINISH】,如图 9-33 所示,单击【确定】,弹出轮毂精加工对话框,如图 9-34 所示。

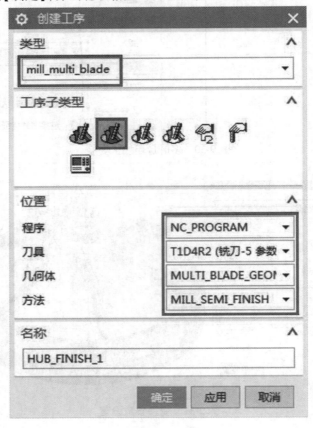

图 9-33　创建工序对话框

图 9-34 轮毂精加工对话框

（16）设置轮毂精加工驱动方法。在轮毂精加工对话框中单击【驱动方法】，弹出轮毂精加工驱动方法对话框，驱动设置的切削模式选择为【往复上升】，切削方向选择为【混合】，其余选项为默认即可，如图 9-35 所示。

（17）轮毂精加工刀轨生成。单击【生成】，结果如图 9-36 所示，单击【确定】，完成轮毂精加工工序。

（18）轮毂精加工刀轨变换。同理，在工序导航器里，右击【HUB_FINISH】，单击【对象】-【变换】，最后结果如图 9-37 所示。

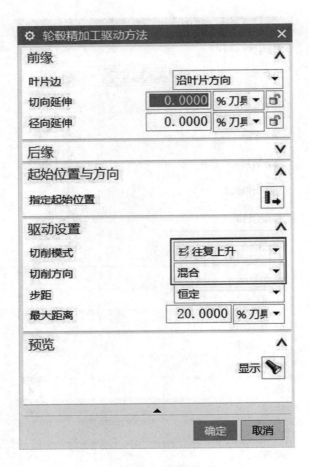

图 9-35　轮毂精加工驱动方法

图 9-36　轮毂精加工刀轨生成

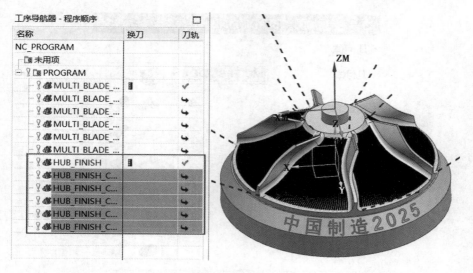

图 9-37　轮毂精加工刀轨变换

（19）创建叶片精加工。在插入工具条中单击【创建工序】按钮，弹出创建工序对话框。将类型选择为【 mill ＿ multi ＿ blade 】。工序子类型选择为【叶片精加工】，刀具选择为【T1D4R2】，几何体选择为【MULTI＿BLADE＿GEOM】，方法选择为【MULTI＿SEMI＿FINISH】，如图 9-38 所示，单击【确定】，弹出叶片精加工对话框，如图 9-39 所示。

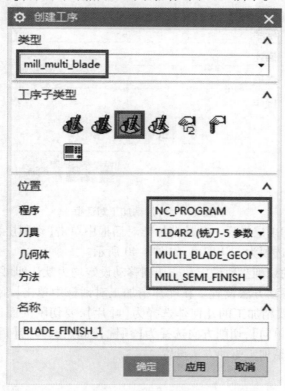

图 9-38　创建工序对话框

图 9-39　叶片精加工对话框

（20）叶片精加工切削层设置。叶片精加工对话框中单击【切削层】，弹出切削层对话框，终止%输入"99"，其余选项为默认即可，如图 9-40 所示。

（21）叶片精加工的切削参数设定和非切削移动设定均为默认即可。

（22）叶片精加工驱动方法设置。在叶片精加工对话框中单击【驱动方法】，弹出叶片精加工驱动方法对话框，要精加工的几何体选择为【叶片】，要切削的面选择为【左面、右面、前缘】，切削模式选择为【单向】，切削方向选择为【顺铣】，起点选择为【后缘】，如图 9-41 所示。单击【确定】，完成叶片精加工驱动方法设置。

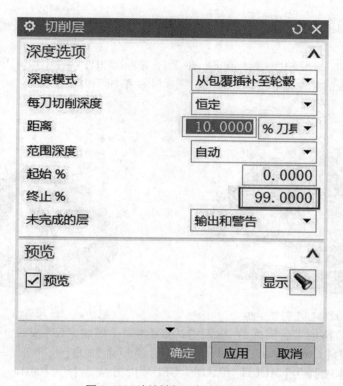

图 9-40　叶片精加工切削层设置

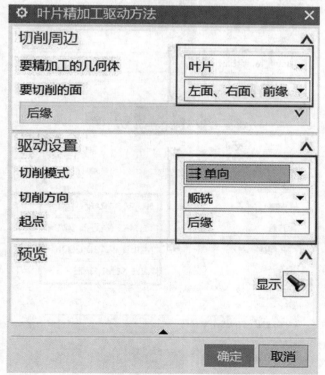

图 9-41　叶片精加工驱动方法

（23）叶片精加工刀轨生成。单击【生成】，结果如图9-42所示，单击【确定】，完成轮毂精加工工序。

（24）叶片精加工刀轨变换。同理，在工序导航器中，右击【BLADE_FINISH】，单击【对象】-【变换】，最后结果如图9-43所示。完成叶片精加工刀轨变换。

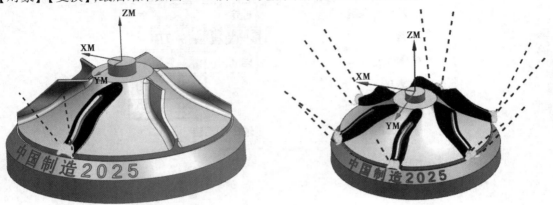

图9-42　叶片精加工刀轨生成　　　　　图9-43　叶片精加工刀轨变换

（25）创建圆角精加工。同理，在插入工具条中单击【创建工序】按钮，弹出创建工序对话框。将类型选择为【mill_multi_blade】。工序子类型选择为【圆角精加工】，刀具选择为【T1D4R2】，几何体选择为【MULTI_BLADE_GEOM】，方法选择为【MILL_SEMI_FINISH】如图9-44所示，单击【确定】，弹出圆角精加工对话框，如图9-45所示。

图9-44　创建工序对话框

图 9-45 圆角精加工对话框

（26）圆角精加工的切削参数设定和非切削移动设定均为默认即可。

（27）圆角精加工驱动方法设置。在圆角精加工对话框中单击【驱动方法】，弹出圆角精加工驱动方法对话框，设置圆角精加工驱动方法，要精加工的几何体选择为【叶根圆角】，要切削的面选择为【左面、右面、前缘】，驱动模式选择为【较低的圆角边】，切削带选择为【步进】，刀毂编号和叶片编号输入"3"，步距选择为【恒定】，最大距离输入"0.1mm"，其余选项均为默认即可，如图 9-46 所示。单击【确定】，完成圆角精加工驱动方法设置。

（28）圆角精加工刀轨生成。单击【生成】，结果如图 9-47 所示，单击【确定】，完成圆角精加工工序。

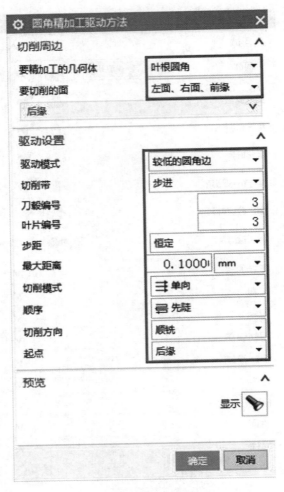

图 9-46　圆角精加工驱动方法

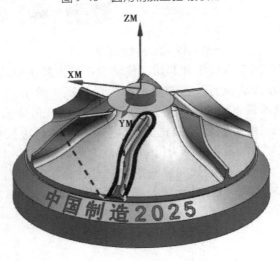

图 9-47　圆角精加工刀轨生成

（29）圆角精加工刀轨变换。同理，在工序导航器里，右击【BLEND_FINISH】，单击【对象】-【变换】，最后结果如图 9-48 所示。完成叶片精加工刀轨变换。

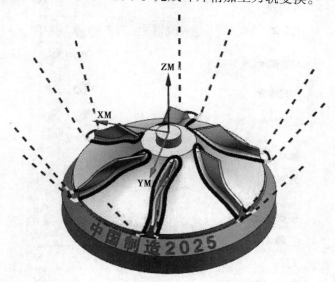

图 9-48 圆角精加工刀轨变换

（30）刻字加工工序。在插入工具条中单击【创建工序】按钮，弹出创建工序对话框。将类型选择为【mill_multi-axis】，工序子类型选择为【可变轮廓铣】，刀具选择为【T2R0.8】，几何体选择为【WORKPIECE】，方法选择为【MILL_SEMI_FINISH】，如图 9-49 所示。单击【确定】，弹出可变轮廓铣对话框，如图 9-50 所示。

图 9-49 创建工序对话框

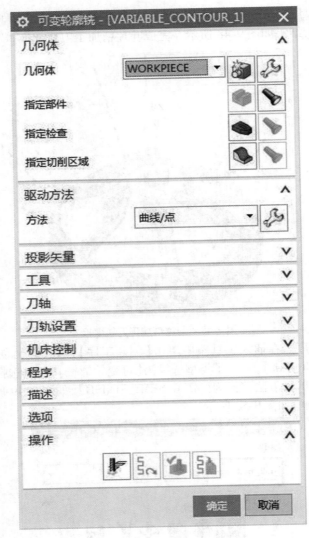

图 9-50　可变轮廓铣对话框

（31）选择曲线集。在可变轮廓铣对话框里，驱动方法选择为【曲线/点】，弹出曲线/点驱动方法对话框，选取字体轮廓，将每一个封闭的区域作为单个曲线集，即每选一封闭轮廓按键确认，依次选取曲线，如图 9-51 所示，单击【确认】，完成曲线/点驱动方法的选择。

（32）切削参数设置。单击【切削参数】，弹出切削参数对话框，单击【余量】，部件余量输入"－0.1"，如图 9-52 所示，单击【确定】，完成切削参数设置。

（33）非切削移动设置。单击【非切削移动】，弹出非切削移动对话框，单击【进刀】，开放区域里的进刀类型选择为【插削】，进刀位置选择为【距离】，高度输入"200"。根据部件/检查里的进刀类型选择为【线性】，进刀位置选择为【距离】，长度输入"80"，旋转角度输入"180"，斜坡角选择"45"，如图 9-53 所示。

（34）非切削移动设置。单击【转移/快速】，公共安全设置中的安全设置选项选择为【球】，指定点为【0 0 −15】，半径输入"50"，其余按默认即可，如图 9-54 所示。单击【确定】，完成非切削移动设置。

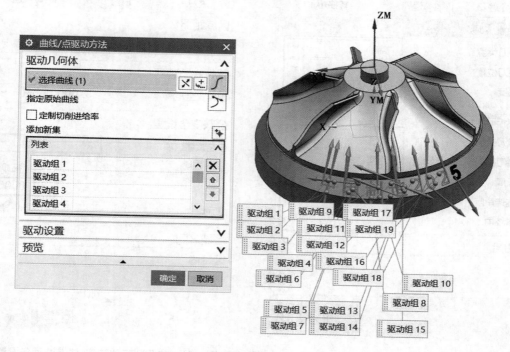

图 9-51　曲线/点驱动方法设置

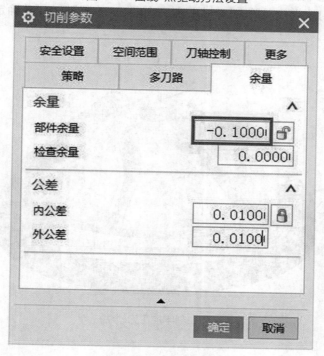

图 9-52　切削参数设置

371

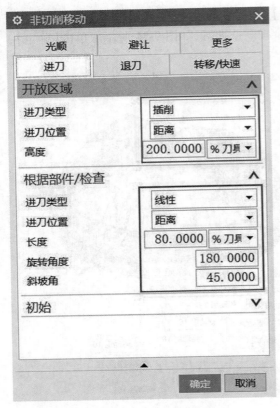

图 9-53　非切削移动进刀选项条设置

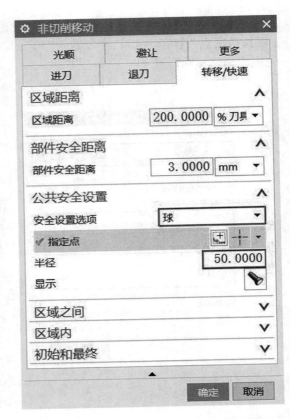

图 9-54　非切削移动转移/快速选项条设置

（35）刻字加工刀轨生成。单击【生成】，结果如图 9-55 所示，单击【确定】，完成刻字加工工序。

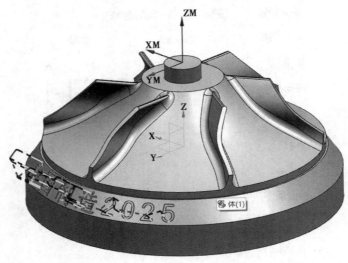

图 9-55　刻字加工刀轨生成

任务9.3　VERICUT 仿真加工

（1）打开 VERICUT 软件,菜单栏单击【文件】→【新项目】,弹出【新的 VERICUT 项目】对话框,单击浏览新的项目文件名,弹出【选择项目文件】对话框,选择存放路径,单击【新文件夹】,弹出【新次级文件夹名】对话框,输入【9-1】,单击【确认】→【确认】,将【没有命名的_】改为【9-1】,单击【确认】,如图 9-56 所示。

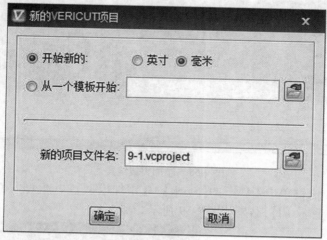

图 9-56　命名为【9-1】

（2）双击项目树的【控制】,在打开【控制系统】对话框中打开【素材】文件夹,再打开【仿真素材】文件夹,选择【仿真系统】中的【5axis. ctl】控制系统,双击项目树的【机床】,在打开机床对话框中选择【仿真机床】文件夹中的【5axis. mch】文件,如图 9-57 所示。

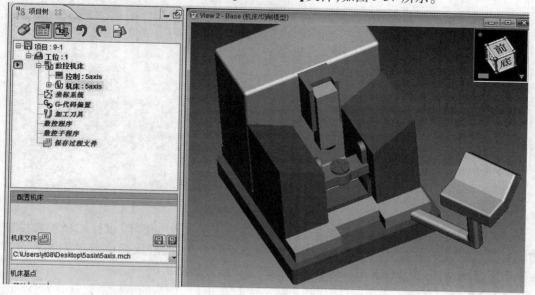

图 9-57　添加系统和机床文件

（3）添加夹具。右键单击附属下的【Fixture】→【添加模型】→【圆柱】，高度输入"50"，半径输入"50"，选择配置模型中的【组合】选项卡，选择【夹具底面】与【工作台】进行配对，完成后位置坐标为【0 0 −205】，如图9-58所示。

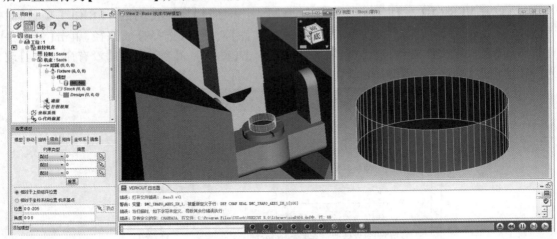

图9-58　添加夹具结果

（4）添加毛坯。右键单击附属下的【Stock】→【添加模型】→【模型文件】→【素材】→【仿真素材】，打开【9-1毛坯.stl】，结果如图9-59所示。

图9-59　添加毛坯结果

（5）零件装夹。左键单击附属下的【Stock】→【模型】→【9-1毛坯.stl】，选择配置模型中的【组合】，选择【约束类型】第一栏为配对，单击最右侧箭头，通过鼠标单击对工件平面与圆柱平面进行配对，完成后位置坐标为【0 0 −140.1】，结果如图9-60所示。

（6）设置坐标系统。选择项目树的【坐标系统】，单击【添加新的坐标系】，选择CSYS选项卡，位置值修改为（0 0 −115.1），修改结果如图9-61所示。

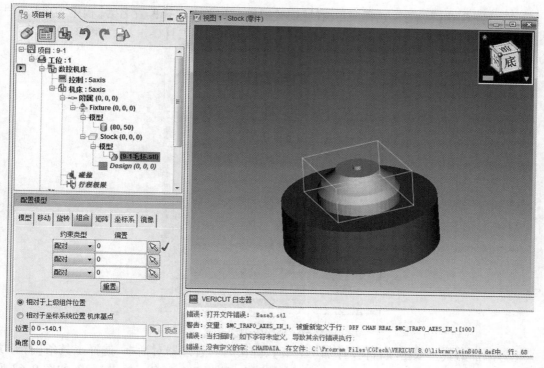

图 9-60 零件装夹

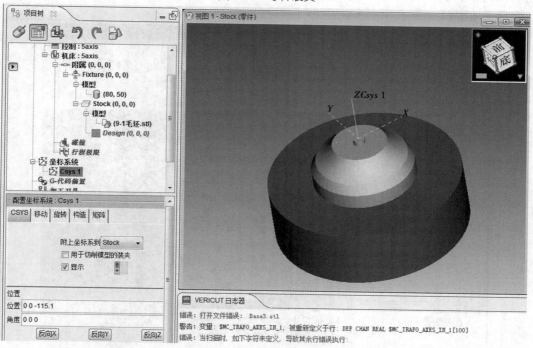

图 9-61 添加坐标系统结果

（7）设置 G-代码偏置。选择项目树的【G-代码偏置】，单击选择偏置名为【程序零点】，单击添加，进入配置程序零点，定位方式从【组件】【Tool】到【坐标原点】【Csys 1】，如图 9-62 所示。

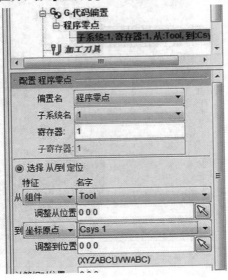

图 9-62　G 代码偏置设定

（8）添加刀具。双击项目树的【加工刀具】，弹出刀具管理器对话框，选择工具条【打开文件】，打开【素材】文件夹，再打开【仿真刀具】文件夹，选择 9-1-TOOL，单击打开，如图 9-63 所示，之后关闭窗口。

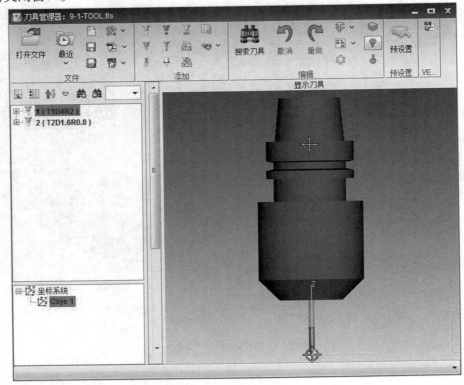

图 9-63　添加刀具

（9）后处理得到加工程序，在 UG 软件的工序导航器中选择集合视图，右键单击【WORKPIECE】文件，选择【后处理】，如图 9-64 所示，弹出后处理对话框。

（10）后处理器选择【5axis】（先安装 5axis 的后处理），单击浏览查找输出文件，弹出指定 NC 输出对话框，将文件指定目录为【9-1】项目文件夹的目录下，如图 9-65 所示，单击确认，生成 NC 代码文件，如图 9-66 所示。

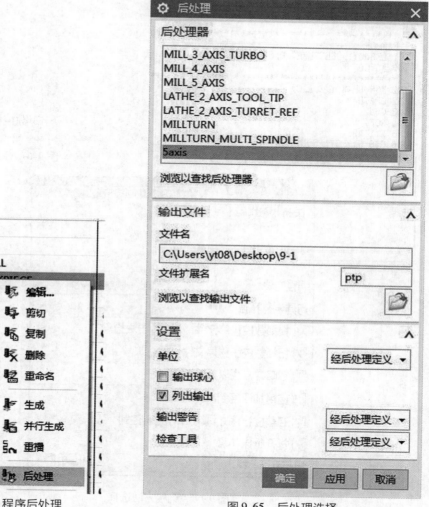

图 9-64　程序后处理　　　　　　　　　　图 9-65　后处理选择

（11）添加数控程序。单击项目树的【数控程序】，选择【添加数控程序文件】，选择【9-1. mpf】文件，单击确认，如图 9-67 所示。

（12）单击项目树的【工位 1】，选择 G-代码选项卡的编程方法为【刀尖】，如图 9-68 所示，单击仿真到末端按钮，进行加工仿真，结果如图 9-69 所示。

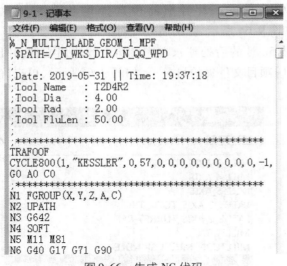

图 9-66 生成 NC 代码

图 9-67 添加数控程序

图 9-68 编程方法选择

（13）保存项目文件。单击菜单栏的【文件】→【文件汇总】，弹出文件汇总对话框，单击左上角位置的【拷贝】，选择【9-1】文件目录，单击【确定】，弹出对话框，单击【所以全是】，关闭对话框，保存结果如图 9-70 所示。

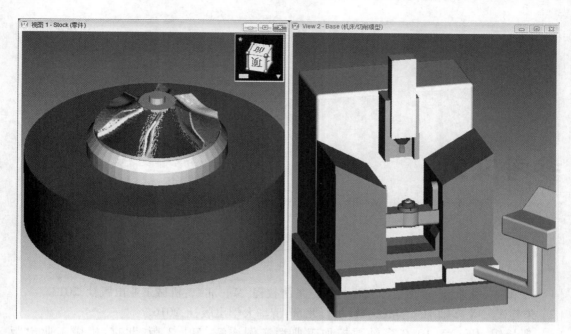

图 9-69　仿真结果

图 9-70　保存项目文件

参考文献

[1] 石皋莲,季业益.多轴数控编程与加工案例教程[M].北京:机械工业出版社,2013.

[2] 朱建民.NX 多轴加工实战宝典[M].北京:清华大学出版社,2016.

[3] 高长银.UG NX 10.0 多轴数控加工典型实例详解[M].3 版.北京:机械工业出版社,2017.

[4] 宋放之.数控机床多轴加工技术实用教程[M].北京:清华大学出版社,2010.